Grandes escavações em perímetro urbano

Jarbas Milititsky

oficina de textos

Copyright © 2016 Oficina de Textos

Grafia atualizada conforme o Acordo Ortográfico da Língua Portuguesa de 1990, em vigor no Brasil desde 2009.

CONSELHO EDITORIAL Arthur Pinto Chaves; Cylon Gonçalves da Silva; Doris C. C. K. Kowaltowski; José Galizia Tundisi; Luis Enrique Sánchez; Paulo Helene; Rozely Ferreira dos Santos; Teresa Gallotti Florenzano

CAPA E PROJETO GRÁFICO Malu Vallim
DIAGRAMAÇÃO E PREPARAÇÃO DE FIGURAS Alexandre Babadobulos
PREPARAÇÃO DE TEXTO Hélio Hideki Iraha
REVISÃO DE TEXTO Pâmela de Moura Falarara
IMPRESSÃO E ACABAMENTO Rettec artes gráficas

Dados Internacionais de Catalogação na Publicação (CIP)
(Câmara Brasileira do Livro, SP, Brasil)

Milititsky, Jarbas
  Grandes escavações em perímetro urbano / Jarbas Milititsky. -- São Paulo : Oficina de Textos, 2016.

  Bibliografia.
  ISBN 978-85-7975-252-0

  1. Engenharia de solos 2. Escavação 3. Geotécnica
I. Título.

16-07177   CDD-624.152

Índices para catálogo sistemático:
1. Escavações : Perímetro urbano : Engenharia geotécnica 624.152

Todos os direitos reservados à OFICINA DE TEXTOS
Rua Cubatão, 798 CEP 04013-003 São Paulo-SP – Brasil
tel. (11) 3085 7933
site: www.ofitexto.com.br
e-mail: atend@ofitexto.com.br

Apresentação

Compartilho com Jarbas Milititsky a fascinação pelo que é urbano: apesar das paixões que temos pela serra e pelo mar, somos seres das cidades. Grandes ou pequenas, com todos os elementos urbanos que nos encantam. O curioso é que nossas carreiras profissionais nos levaram a lidar com problemas comuns a aglomerados urbanos. As soluções de tais problemas frequentemente envolvem estruturas cujo projeto e construção demandam muito conhecimento da engenharia geotécnica e do subsolo das cidades. Ainda é raro o aprendizado na graduação de Engenharia Civil, neste país e noutros, de rudimentos da implantação de escavações profundas ou de escavações subterrâneas. Menos ainda em áreas urbanas onde existe a preocupação com danos induzidos pelas escavações em edificações lindeiras, muitas vezes com elevado valor urbanístico, que tanto prezamos.

É com muita satisfação que apresento o novo livro de Jarbas Milititsky, *Grandes escavações em perímetro urbano*, da Oficina de Textos. O autor pretende "fornecer aos profissionais iniciantes um panorama [...] sobre [...] aspectos práticos [...] desse complexo problema" ligado a grandes escavações a céu aberto em áreas densamente ocupadas. Como se verá, ele não produziu apenas texto para iniciantes, que de fato faltava: a riqueza de exemplos e referências incluídos faz também da obra ferramenta de aperfeiçoamento e fonte de informações para profissionais iniciados.

O autor dispensa apresentações à comunidade de iniciados. Aos iniciantes cabem umas poucas informações essenciais: Jarbas Milititsky é engenheiro civil pela Universidade Federal do Rio Grande do Sul (UFRGS), Ph.D. pela University of Surrey (Reino Unido), professor titular da Escola de Engenharia e Geotecnia da UFRGS, ex-presidente e membro vitalício do Conselho da Associação Brasileira de Mecânica dos Solos e Engenharia Geotécnica (ABMS), atual vice-presidente da International Society for Soil Mechanics and Geotechnical Engineering (ISSMGE) para a América do Sul, e consultor profissional ativíssimo que fez escola na academia e na indústria. Conseguiu isso por sua capacidade de harmonizar conhecimento científico inovador, acumulado em pesquisa, com a prática corrente de Engenharia Geotécnica demandada pela indústria, temperada com singular habilidade didática de professor apaixonado que ensina dentro e fora das salas de aula.

O texto atende bem ao objetivo de ser uma base para aplicações práticas. O autor consegue isso por meio de abordagem pessoal e moderna. Ilustra o volume com exemplos e cores nacionais. Aborda questões por vezes esquecidas, como a lida e os riscos de escavações em terrenos contaminados, não incomuns em áreas urbanas. O livro fornece elementos para a escolha da estratégia de implantação da obra e orienta como obter parâmetros e propriedades geotécnicas por meio de correlações atualizadas. Destaca riscos com exemplos e cuidados para minimizá-los. Ressalta a importância do monitoramento de campo para o controle do desempenho e o controle de danos induzidos, previamente antecipados pelo projeto. Elenca práticas recomendáveis, por vezes por meio de exemplos de práticas não recomendáveis. Definitivamente uma ótima base introdutória ao tema, que também serve como valioso vetor para aperfeiçoamentos de iniciados. Tem o destacado mérito de ser texto em português por autor brasileiro, algo raro entre livros técnicos de Geotecnia.

Nossos votos de proveito a leitores iniciantes e iniciados e de sucesso de vendas aos editores. E nossos agradecimentos ao autor pela empreitada, que nos trouxe um título pioneiro em nossa literatura (geo)técnica!

Arsenio Negro
São Paulo, setembro de 2016

Prefácio

A primeira motivação para elaborar esta publicação surgiu após a apresentação de uma conferência sobre o tema no Sefe 7, em São Paulo, em 2013. Vários colegas presentes manifestaram não somente interesse no tema, mas apreciação pelo conteúdo, especialmente pela forma de apresentação dos aspectos práticos, normalmente ausentes das inúmeras publicações existentes.

    A segunda motivação é resultado do compromisso com a disseminação do conhecimento e a transmissão de experiência profissional, considerado como missão pessoal resultante de mais de 35 anos de atividade acadêmica e 48 anos de prática profissional. Entendemos que profissionais com experiência devem fazer o registro do seu entendimento e conhecimento adquirido da prática de Engenharia em benefício daqueles que iniciam suas atividades, contribuindo dessa forma com o aprimoramento da área e facilitando a evolução dos colegas em início de atividades.

    Nossa intenção maior nesta produção foi fornecer aos profissionais iniciantes um panorama amplo e abrangente sobre todos os aspectos práticos envolvidos no enfrentamento desse complexo problema, iniciando pelos itens das etapas de determinação das variáveis envolvidas, de cálculo das estruturas de contenção, decisões de projeto e da construção, e indicando os cuidados necessários à aplicação de boa engenharia, a fim de reduzir riscos e conduzir de forma controlada os trabalhos. São apresentados relatos de obras com problemas, como evitá-los, e as referências básicas nacionais e internacionais, nem sempre conhecidas, sobre todos os aspectos abordados, como contribuição para o aprofundamento do tema por parte dos profissionais brasileiros. Não é pretensão desta publicação cobrir em detalhe questões técnicas presentes de forma detalhada em outras publicações, referidas nas referências bibliográficas para facilitar sua identificação.

Ressaltamos que as escolhas ou decisões de projeto referentes ao tipo de estrutura de contenção e método construtivo, a escolha da forma de implantação (de baixo para cima ou de cima para baixo – *bottom-up* ou *top-down*), a solução de fundações para as cargas estruturais internas e a contenção da água no período construtivo e permanente são fruto das condições e circunstâncias de cada caso, não havendo soluções "universais".

A solução do problema de projeto e execução de escavações em perímetro urbano não é obtida pelo uso rígido de normas ou diretrizes, e sim pelo trabalho integrado de uma equipe multidisciplinar, resultando em sucesso e segurança.

O projeto ideal é aquele que atende às condições de segurança e mínimo efeito nos vizinhos, com custo mínimo, utilizando técnicas e equipamentos disponíveis.

Esta publicação terá cumprido com sua finalidade maior se a sensação que tive ao terminar a sua produção for repetida entre os leitores. Sentimento do enorme benefício se tivesse lido algo desta natureza quando, na condição de jovem engenheiro, iniciei minhas atividades geotécnicas, para nortear projetos e orientar decisões, facilitando a atuação como projetista.

Nosso agradecimento àqueles que contribuíram para a elaboração desta obra, entre os quais o Eng. Wilson Borges, sócio e amigo, parceiro na solução dos inúmeros projetos referidos, o Eng. Fernando Mantaras, parceiro em vários projetos onde métodos numéricos foram utilizados, pela significativa contribuição na elaboração do Cap. 4, e o Eng. Matheus Miotto Rizzon, pela organização do material e das figuras.

Agradecimento muito especial à companheira e parceira de toda a vida, minha esposa Neila, que, apesar das longas horas envolvidas na elaboração do livro, sempre valorizou e estimulou essa atividade.

A ela dedico esta publicação.

Sumário

Introdução 9

1. Variáveis desconhecidas: identificação do problema 15
    1.1 Solo 15
    1.2 Água 17
    1.3 Interferências 18
    1.4 Condições das edificações e serviços vizinhos 18
    1.5 Contaminação do solo 20

2. Tipos de estrutura mais utilizados 21

3. Escolhas: decisões de projeto 31
    3.1 Tipo de estrutura de contenção e método construtivo 31
    3.2 Escolha da forma de implantação – de baixo para cima
         ou de cima para baixo (*bottom-up* ou *top-down*) 33
    3.3 Solução de fundações para as cargas estruturais internas 36
    3.4 Contenção da água no período construtivo e permanente 40

4. Projeto: obtenção de dados e análise 43
    4.1 Métodos de análise 47
    4.2 Dados geomecânicos de projeto – alternativas disponíveis
         para prospecção de subsolo 49
    4.3 Perfil de projeto – estimativa de valores das propriedades 51
    4.4 Efeitos de interface 56
    4.5 Compressibilidade e deformabilidade 56
    4.6 Uso de métodos numéricos 66
    4.7 Valores típicos de propriedades 71
    4.8 Escavações em solos moles 73

5. Projeto 77

- 5.1 Reações no escoramento – sequência construtiva 77
- 5.2 Dimensionamento da parede considerando etapas construtivas e na condição final de apoio na estrutura 81
- 5.3 Dimensionamento do escoramento – tirantes e bermas 83
- 5.4 Segurança dos vizinhos durante a implantação – previsão dos deslocamentos 85
- 5.5 Efeitos em fundações profundas vizinhas 93

6. Construção: cuidados e suas implicações (caso de parede diafragma e estacas secantes) 97

- 6.1 Planejamento da implantação – vários serviços 97
- 6.2 Escavação das lamelas – limpeza de fundo – uso de estacas secantes 99
- 6.3 Concretagem 103
- 6.4 Juntas entre painéis 104
- 6.5 Estacas secantes 104
- 6.6 Escoramento (tirantes) – desempenho, prazos e sequência construtiva, provisórios x permanentes 106
- 6.7 Observações quanto à qualidade das paredes diafragma (Saes, s.d.) 112

7. Monitoramento: controle 113

- 7.1 Planejamento do monitoramento 114
- 7.2 Indicação de níveis de alerta e ação 115

8. Deslocamentos dos vizinhos: acompanhamento x danos 119

- 8.1 Controle de recalques 119
- 8.2 Controle de verticalidade 122
- 8.3 Controle de fissuras 124
- 8.4 Danos 124

9. Recomendações 131

Bibliografia 135

Introdução

A necessidade de construção de escavações cada vez mais profundas em grandes centros urbanos se faz presente, com enormes desafios de segurança e exequibilidade a serem enfrentados, além da previsão e da remediação dos possíveis efeitos sobre as construções vizinhas. A utilização de estruturas de contenção para garantir a segurança das escavações implica projetar e executar soluções que envolvam não somente o dimensionamento dessas estruturas, mas também a estimativa de seus efeitos no solo adjacente e implicações nas estruturas nele assentes. Esses efeitos são complexos e não totalmente previsíveis, uma vez que são relacionados com fatores que incluem, entre outros, características e condições do solo, presença da água, rigidez dos elementos de contenção, métodos construtivos e qualidade dos serviços utilizados.

Escavações nas proximidades de edificações nem sempre são conduzidas de forma segura e projetadas adequadamente, resultando em acidentes. As Figs. I.1 a I.6 mostram acidentes em obras urbanas de diferentes portes em grandes escavações. Por sua vez, as Figs. I.7 a I.13 apresentam obras realizadas com sucesso.

Apresenta-se neste livro o conhecimento estabelecido sobre o tema, abordando e comentando aspectos práticos das etapas e decisões de projeto e construção, bem como os cuidados necessários à aplicação de boa engenharia, a fim de reduzir riscos e conduzir de forma controlada os trabalhos. É importante ressaltar a condição de complexidade envolvida na solução de problemas dessa natureza, a necessidade do envolvimento de profissionais com várias especialidades, a importância de comunicação permanente entre todos os participantes, especialmente na etapa de implantação dos serviços, e a tomada de decisões imediatas ao ser constatada falha construtiva ou sinalização de risco ou mau desempenho no acompanhamento do desenvolvimento dos serviços.

A solução completa da questão "grandes escavações" é apresentada com a seguinte itemização:

- *variáveis desconhecidas: identificação do problema*, onde é mostrada a necessidade de caracterização das condições dos solos afetados pela escavação, o nível do lençol freático, a identificação das interferências na área a ser escavada e nas proximidades dela, caso o escoramento pretendido seja o de tirantes, as condições das edificações e serviços vizinhos e a eventual contaminação do solo e/ou do lençol freático, informações fundamentais para o encaminhamento da solução do projeto e a adoção de uma solução segura e conveniente;
- *tipos de estrutura mais utilizados*, onde são indicadas as diversas opções de solução, com suas características funcionais, vantagens e limitações, descrevendo situações em que certas soluções são mais adequadas a variáveis determinadas do problema, tais como tipos de solo, presença de obstruções, presença de água, entre outras;
- *escolhas: decisões de projeto*, com a indicação do fluxograma da árvore de decisões, iniciando com a obtenção de dados, seguida da escolha do tipo de estrutura de contenção e do método construtivo, a forma de implantação, *top-down* ou *bottom-up*, a questão da escolha das fundações para as cargas estruturais internas, a contenção da água no período construtivo e permanente;
- *projeto*, onde inicialmente são descritas as causas de colapsos em escavações e é apresentada a sequência para o cálculo das solicitações na parede simulando a implantação passo a passo, a previsão de deslocamento do terreno vizinho, a obtenção dos dados do solo, os métodos de análise, as reações no escoramento, o dimensionamento da parede, o dimensionamento do escoramento e a previsão dos deslocamentos dos vizinhos;
- *construção: cuidados e suas implicações*, abordando a questão do planejamento da implantação – vários serviços, escavação das lamelas, limpeza de fundo, concretagem, juntas entre painéis, escoramentos naqueles aspectos de desempenho, prazos e sequência construtiva;
- *deslocamentos dos vizinhos – acompanhamento*, apresentando controle de recalques, controle de verticalidade, controle de fissuras e danos;
- *monitoramento: controle*, apresentando a motivação para a sua realização e os itens e equipamentos correntes, além daqueles referidos no controle de deslocamento dos vizinhos;
- *recomendações* – além dos conhecimentos geotécnicos fundamentais e referidos às questões de caracterização de comportamento dos solos, cálculo de empuxos, verificação de estabilidade, cálculo ou estimativa de

deslocamentos da vizinhança, cálculos estruturais, entre outros, é necessário usar experiência e empirismo em várias etapas do processo. O avanço no desenvolvimento das ferramentas de análise e dimensionamento constitui valioso auxílio nas etapas de análise e projeto, permitindo a comparação de diferentes opções e detalhes.

A existência dos equipamentos modernos de construção e de tratamento de solo possibilita a implantação do projeto em condições extremamente adversas, o que seria praticamente impossível no passado. A instrumentação disponível, nem sempre utilizada na rotina de engenharia, é extremamente importante no acompanhamento das etapas construtivas, seja para confirmar as premissas de projeto, seja para fornecer dados essenciais sobre a segurança dos trabalhos.

Fig. I.1 *Cortina de estacas-prancha instável, executada sem escoramento em solo mole, afetando as edificações vizinhas*

Fig. I.2 *Escavação profunda em solos moles instabilizada por problemas construtivos no escoramento metálico – Nicoll Highway Excavation, Singapura*

Fig. I.3 *Colapso de cortina de estacas justapostas suportada por tirantes*

Fig. I.4 *Cortina de estacas justapostas suportada com uma linha de tirantes, não suficiente para garantir a estabilidade*

Fig. I.5 *Escavação não protegida junto a uma edificação, com instabilidade expondo e afetando as fundações vizinhas*

Fig. I.6 *Escavação em solo residual para a implantação de uma estrutura de contenção por partes, com a instabilidade colocando em risco o prédio vizinho*

Introdução

Fig. I.7 *Escavação com 19 m de profundidade protegida com parede diafragma atirantada junto a um prédio em fundações diretas superficiais*

Fig. I.8 *Final de escavação com 18 m de profundidade junto a prédios e protegida com parede diafragma com tirantes*

Fig. I.9 *Escavação protegida com tirantes e chumbadores*

Fig. I.10 *Escavação em perfil de solo residual, com parede diafragma executada até o topo do material impenetrável e complementada por partes*

Fig. I.11 Contenção em estacas justapostas sem tirantes, altura escavada de 5 m

Fig. I.12 Contenção de escavação em solo grampeado

Fig. I.13 Contenção com tirantes, execução dos painéis por partes

Variáveis desconhecidas: identificação do problema

Ao iniciar a abordagem da solução de implantação de subsolos no perímetro urbano, os profissionais se defrontam com a necessidade de identificação das reais características do problema a resolver. O conhecimento dos dados relevantes à solução das questões a serem resolvidas tem variada natureza. A primeira e mais importante questão refere-se ao solo e suas condições. Esse item deve merecer investigação qualificada, uma vez que sua importância na solução do problema é fundamental. Desse conhecimento dependerá o sucesso ou o fracasso e/ou obstáculos de difícil solução na implantação da obra.

Com a tendência de novo uso de locais já edificados, a existência de interferências com estruturas, suas fundações, canalizações e elementos enterrados cada vez se faz mais presente. Pelo mesmo motivo, muitas vezes ocorre contaminação do solo a ser escavado, o que condiciona as possíveis soluções.

A solução de contenções a ser projetada e construída deverá suportar não somente as ações do solo e da água, mas também as sobrecargas das edificações vizinhas e dos serviços públicos existentes, além de ter que manter a integridade delas ao longo do processo construtivo.

1.1 Solo

Considerando que a solução do projeto implica a determinação das ações do solo e a execução da escavação nesse material e que nele ocorrem a implantação do sistema de contenção e sua estabilidade, é de fundamental importância o conhecimento desse meio físico. A investigação do subsolo deve identificar a natureza das camadas, sua resistência, o estado inicial de tensões, sua permeabilidade, a presença de água e sua natureza, uma eventual contaminação e a presença de obstruções naturais (matacões), entre outros.

Para o uso de ferramentas computacionais com métodos numéricos (elementos finitos) no cálculo de deformações do meio adjacente e dos momentos atuantes sobre as contenções, faz-se necessário o conhecimento das características elásticas (rigidez) do solo, informação presente apenas em situações muito especiais em nossa prática. A condição das tensões horizontais existentes anteriormente à implantação da escavação é elemento extremamente relevante na análise, sendo pouco usual em nossa prática sua determinação para casos de obras correntes.

Em situações novas, ou seja, na implantação de grandes escavações em formações naturais não conhecidas, deve haver a preocupação adicional de verificar uma eventual natureza especial dos materiais, tais como a presença de material expansivo, colapsível, com alto pré-adensamento etc. O projetista da escavação e das contenções deve especificar o programa de investigação, cujos resultados devem ficar disponíveis durante o processo construtivo e ser do conhecimento de todos os envolvidos na solução do problema. Eventuais discrepâncias entre as condições estabelecidas no programa de investigação e na implantação dos serviços devem resultar em novos ensaios, em novos procedimentos ou até, eventualmente, em um novo plano de execução.

É relevante referir que sondagens e ensaios realizados a partir do topo do terreno devem ser avaliados à luz do alívio das tensões provocado pela escavação. A realização de novas sondagens/investigação com a escavação próxima da cota inferior de implantação identifica de forma clara esse efeito e esclarece dúvidas quanto às condições dos horizontes do geomaterial abaixo da implantação, onde as fundações serão executadas. É comum a ocorrência de alterações significativas nos casos de grandes escavações, o que poderá influir na escolha e projeto das fundações. A Fig. 1.1 mostra os resultados de sondagens executadas antes do início das escavações, em projeto com 18 m de profundidade, e daquelas realizadas quando a escavação se encontrava a 5 m do seu final. Observa-se claramente a diferença nos valores de N_{SPT} das duas campanhas de investigação, que acabaram por mudar a opção de solução de fundações da obra (projeto inicial em fundações diretas e projeto executivo em estacas raiz).

Sempre que possível, devem ser realizadas investigações na região onde os eventuais tirantes estarão ancorados, ou seja, fora da área da escavação. Em inúmeras situações ocorrem variações tanto na natureza dos materiais quanto na sua resistência, resultando em elementos projetados para uma condição mostrarem pior desempenho ao serem testados.

Um levantamento sobre as causas de problemas encontrados em 28 projetos na Inglaterra e devidos a incertezas no perfil de projeto adotado (Clayton, 2001) indicou sete causas principais, descritas a seguir:

1 | Variáveis desconhecidas: identificação do problema

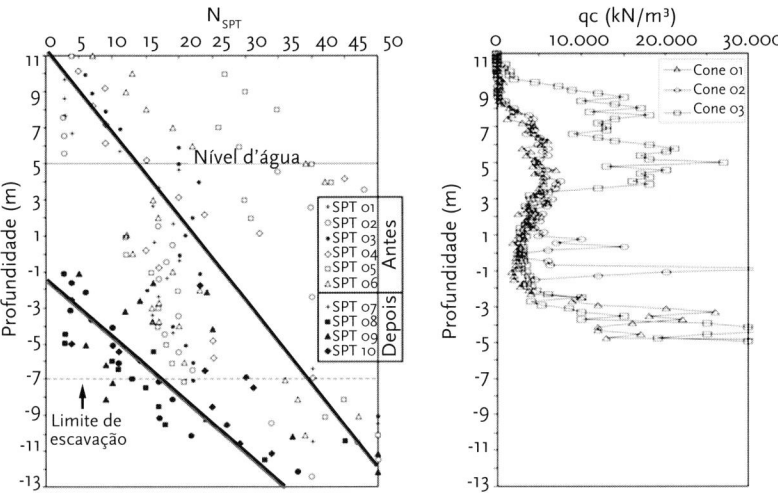

Fig. 1.1 *(A) Resultados das sondagens SPT realizadas antes e depois da escavação e (B) perfis de ensaios de cone*

- *área de ocorrência de materiais* (soil boundaries) – falta de identificação de posição e/ou existência de tipos de materiais desfavoráveis ao projeto, como materiais muito moles, níveis de rocha, matacões; a geometria do subsolo era diferente daquela estimada/investigada;
- *propriedades dos solos* – partes do subsolo com resistência muito maior ou menor que a esperada;
- *presença de água* – níveis acima dos identificados em projeto;
- *contaminação* – solos contaminados encontrados em aterros e não identificados anteriormente ao início dos trabalhos;
- *obstruções* – escavações dificultadas pela presença de obstruções existentes, tais como fundações antigas;
- instalações subterrâneas não identificadas;
- investigação do subsolo com falhas.

1.2 Água

A presença de água e sua condição de ocorrência são possivelmente o segundo fator em ordem de relevância a ser considerado quando da escolha da solução das contenções. A determinação da condição do nível freático, de eventual artesianismo e de lençol suspenso tem importância significativa na solução do problema, influenciando o projeto. Sua presença implica inúmeros condicionantes, tais como a condição de empuxos, seu eventual rebaixamento influenciando fundações e serviços vizinhos, a estabilidade dos processos construtivos, a necessidade de tratamento de infiltrações, a possibilidade de ruptura de fundo da escavação, a dificuldade de execução de tirantes, o tratamento da base da escavação após construção, entre outros.

1.3 Interferências

O uso de locais já edificados, com a possibilidade de ocorrência de interferências com estruturas enterradas, fundações, canalizações e elementos enterrados, cada vez se faz mais presente. Instalações industriais desativadas dão origem a inúmeras interferências que devem ser identificadas previamente, podendo ocasionar sérias dificuldades na etapa de construção. Em nosso meio, os cadastros de instalações são, em geral, imprecisos e incompletos, quando existentes. A identificação das interferências existentes previamente ao início do projeto e da execução facilita a tomada de decisão referente a tipo de solução, limpeza prévia do canteiro, desvio de canalizações, entre outras providências cabíveis.

1.4 Condições das edificações e serviços vizinhos

Entre os requisitos de projeto e da implantação de escavações em perímetro urbano, a segurança e a mínima perturbação à vizinhança constituem item fundamental. A sobrecarga proveniente das edificações vizinhas é elemento essencial a ser considerado no projeto. As condições de segurança e sensibilidade das estruturas e elementos construtivos das edificações e serviços aos inevitáveis efeitos resultantes da implantação de uma grande escavação constituem elementos que condicionam as soluções possíveis, e devem ser objeto de investigação e registros. É fundamental o registro das condições das edificações vizinhas anteriores ao início de qualquer atividade no canteiro, especialmente para prevenir futuras demandas. O registro deve ser elaborado por terceira parte e registrado em cartório para ter validade jurídica.

A identificação da natureza das fundações e sua posição condicionam, por exemplo, a localização de tirantes, quando eles são os elementos de suporte no período construtivo. A necessidade de eventuais reforços de fundação preventivos e o acompanhamento detalhado de estruturas com sintomas de risco ou dano preexistente, bem como outras providências de escolha de solução, ocorrem após essa identificação, que deve ser parte obrigatória da solução do problema.

Na Fig. 1.2 é mostrada uma planta em que as fundações dos prédios vizinhos foram identificadas, com a indicação dos tirantes projetados e suas posições em face das interferências. Por sua vez, na Fig. 1.3 é exibida a disposição de tirantes considerando a questão das fundações da obra projetada.

A correta identificação das cotas das edificações vizinhas e dos elementos enterrados constitui elemento valioso na elaboração da solução adequada. Normalmente os levantamentos topográficos não contêm as informações essenciais à solução do proble-

1 | Variáveis desconhecidas: identificação do problema

ma, por não identificarem com precisão as reais condições dos lindeiros nem a presença de elementos enterrados, como reservatórios, depósitos, casas de bomba, entre outros.

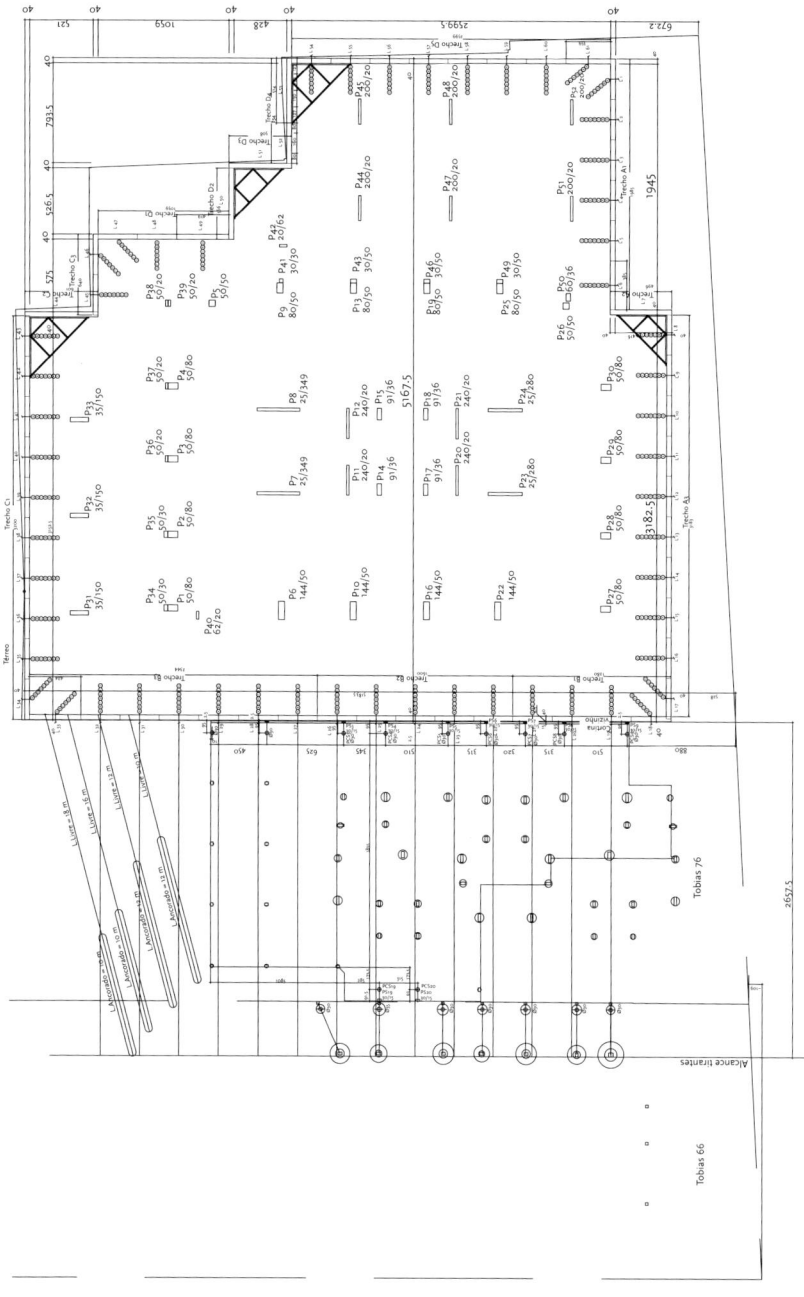

Fig. 1.2 *Interferências das fundações vizinhas sobre os tirantes da obra*

Parte dos procedimentos de segurança e preventivos referentes aos possíveis efeitos na vizinhança e ao consequente litígio é a realização de um levantamento pormenorizado das edificações vizinhas, tipicamente distantes até, pelo menos, duas vezes a profundidade a escavar, com registro documentado.

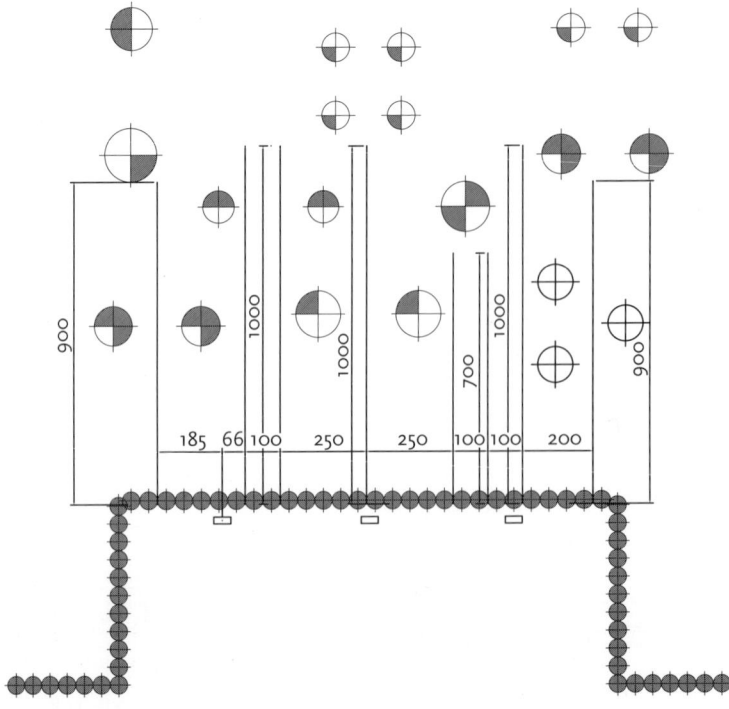

Fig. 1.3
Tirantes com comprimentos variáveis em função das fundações projetadas

1.5 Contaminação do solo

A eventual ocorrência de contaminação do local onde será implantada a obra condiciona a solução do problema. Dependendo da natureza da contaminação, os materiais e sistemas construtivos podem ser incompatíveis, bem como o uso de tirantes com suporte provisório ou permanente. Locais já edificados ou de natureza desconhecida devem ser objeto de investigação quanto à natureza da água e dos materiais existentes no terreno.

2 Tipos de estrutura mais utilizados

Dependendo da geometria da escavação a ser realizada, da presença de edificações vizinhas e do espaço disponível no canteiro, diferentes procedimentos podem ser utilizados. Não existem procedimentos mais ou menos adequados; cada condição específica resulta na utilização daquele procedimento que garanta a segurança da escavação, cause menor perturbação na vizinhança e seja mais econômico. As Figs. 2.1 a 2.6 apresentam exemplos de procedimentos adotados.

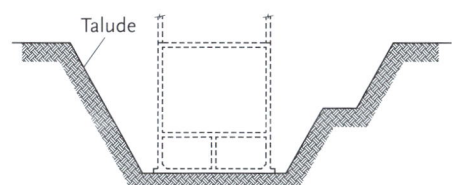

Fig. 2.1 *Escavação com taludes e implantação da estrutura para posterior reaterro, possível quando ocorre espaço disponível nas laterais da implantação, sem vizinhança sensível*

Fig. 2.2 *Obra em implantação com solução num dos alinhamentos em talude e estrutura de contenção em concreto armado convencional vinculada à estrutura*

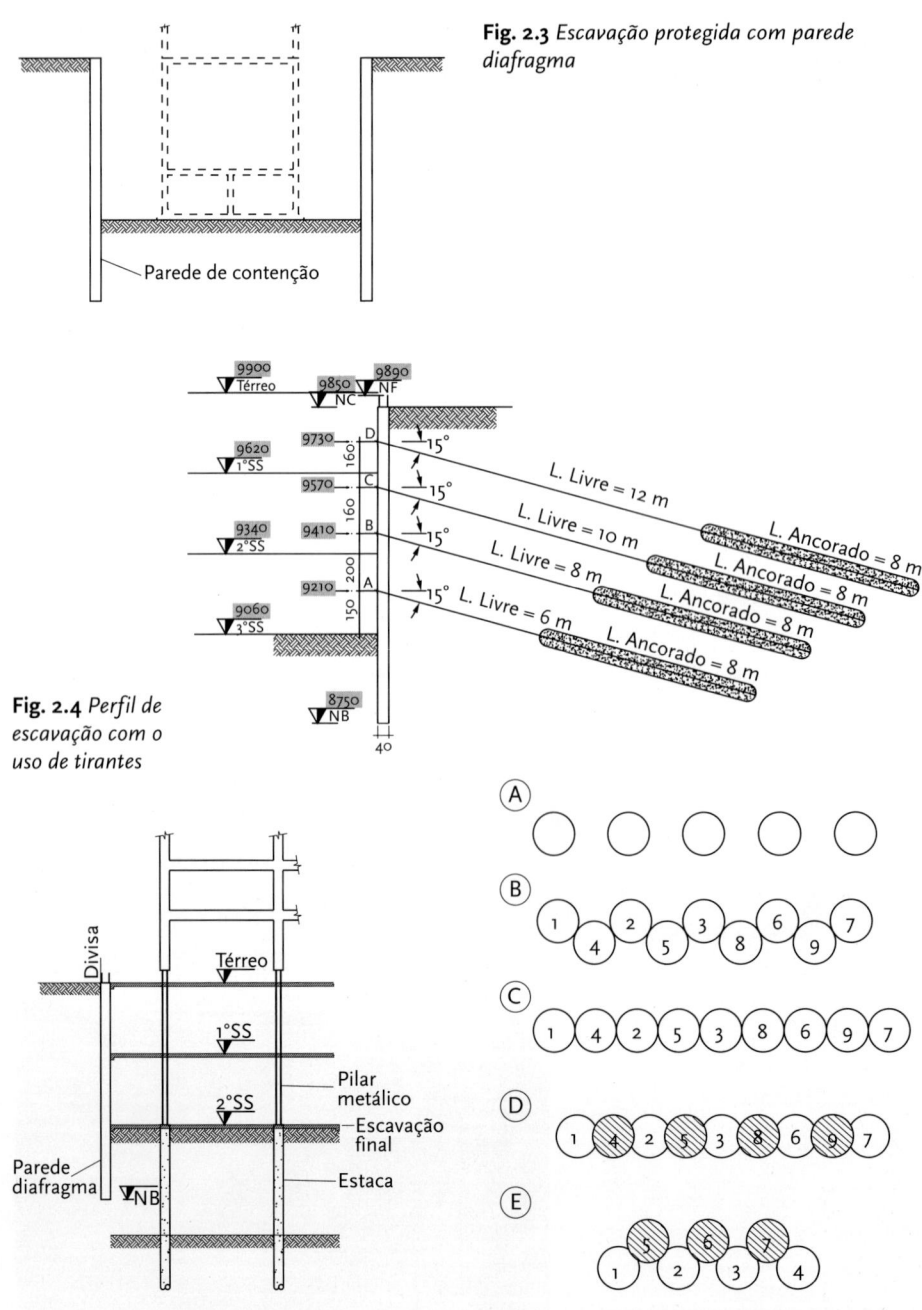

Fig. 2.3 *Escavação protegida com parede diafragma*

Fig. 2.4 *Perfil de escavação com o uso de tirantes*

Fig. 2.5 *Método de construção top-down*

Fig. 2.6 *Configurações de paredes de estacas: (A) padrão independente; (B) padrão de estacas em dois alinhamentos; (C) padrão linear; (D) padrão de estacas secantes; (E) padrão misto*

2 | Tipos de estrutura mais utilizados

Uma das soluções mais utilizadas em perímetro urbano quando existem construções vizinhas e a escavação é de grande porte é a execução da parede diafragma atirantada, como apresentado nas Figs. 2.7 a 2.28.

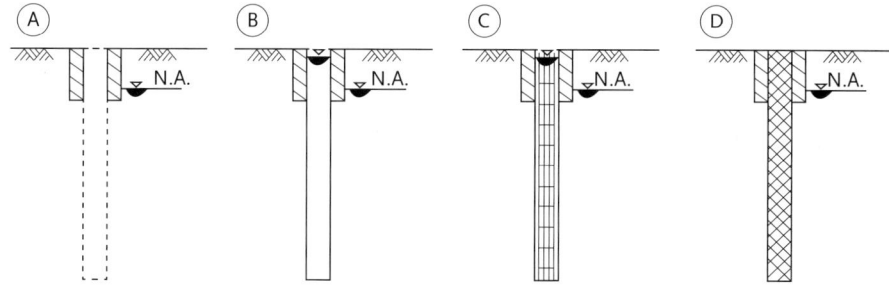

Fig. 2.7 *Sequência executiva de uma lamela de parede diafragma: (A) execução da parede guia; (B) escavação da lamela com fluido estabilizador; (C) inserção da armadura; (D) concretagem*

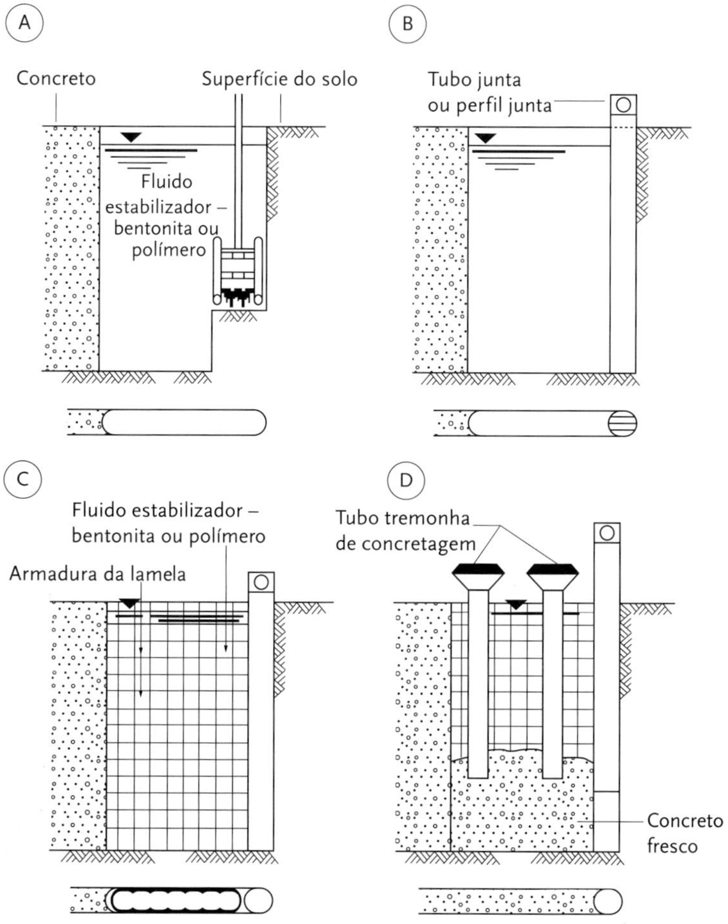

Fig. 2.8 *Sequência executiva de uma lamela de parede diafragma: (A) escavação da lamela; (B) instalação dos tubos metálicos; (C) inserção da armadura; (D) concretagem*

Fig. 2.9 *Execução de parede guia*

Fig. 2.10 *Detalhe das armaduras montadas com espaçadores*

Fig. 2.11 *Detalhe do espaçador da armadura*

2 | Tipos de estrutura mais utilizados

Fig. 2.12 Clam-shell, *ferramenta utilizada para a execução da escavação da parede diafragma*

Fig. 2.13 *Silos para armazenamento de lama bentonítica ou polímero, utilizados para a estabilização da escavação*

Fig. 2.14 *Colocação da chapa espelho para dar melhor acabamento à parede*

Fig. 2.15 *Chapa espelho posicionada na escavação, com presença de fluido estabilizador*

Fig. 2.16 *Colocação do perfil junta para a concretagem da lamela*

Fig. 2.17 *Colocação do tubo tremonha (tremie) para iniciar a concretagem*

Fig. 2.18 *Funis de concretagem posicionados*

2 | Tipos de estrutura mais utilizados

Fig. 2.19 *Bomba e desarenador para retorno e tratamento da lama*

Fig. 2.20 *Retirada do perfil junta e da chapa espelho*

Fig. 2.21 *Perfuração do concreto da parede diafragma para a instalação dos tirantes*

Fig. 2.22 *Execução do tirante*

Fig. 2.23 *Colocação do tirante de cordoalha na perfuração*

Fig. 2.24 *Protensão do tirante de cordoalha com macaco hidráulico*

Fig. 2.25 *Escavações junto à parede diafragma*

Fig. 2.26 *Escavações junto à parede diafragma, com destaque para a rampa*

Fig. 2.27 *Presença de matacões durante as escavações*

Fig. 2.28 *Execução completa da parede, da escavação e dos tirantes*

Modernamente, a disponibilidade de fresas capazes de escavar materiais de alta resistência permite a execução até profundidades maiores (Fig. 2.29).

O Quadro 2.1 apresenta as condições para diferentes sistemas construtivos.

Fig. 2.29 *Fresa para a implantação de parede em materiais resistentes*

Quadro 2.1 CONDIÇÕES PARA DIFERENTES SISTEMAS CONSTRUTIVOS

Tipo de contenção	Tipo de solo			Estanqueidade e rigidez			Condições de construção			Profundidade de escavação	Tempo de construção	Custo
	Argila mole	Areia	Pedregulho	Estanqueidade	Rigidez	Ruído e vibração	Tratamento de resíduos	Deformações	Obstrução do subsolo			
Perfis metálicos	×	o	o¹	×	×	×²	■	×	o	×	■	■
Perfil pranchado	o	■	×	o	×	×²	■	×	o	×	■	■
PIP	■	o	×	o	■	■	×	o	×	o	×	o
Parede de estacas	■	■	×	■	■	■	×	■	×	■	×	×
MIP	o	o	×	■	o	■	o	o	×	o	o	o
Parede diafragma	■	■	o	■	■	■	×	■	×	■	×	×

■ Bom   o Aceitável   × Ruim
¹ Deve ser executado com equipamento especial.
² Se cravado no solo por vibração estática, ruídos e vibrações podem ser reduzidos.
Fonte: Hachich et al. (1998).

3
Escolhas: decisões de projeto

Ao iniciar a elaboração do projeto, existem algumas decisões fundamentais a serem tomadas pelo profissional envolvido: questões referentes ao tipo de estrutura de contenção e método construtivo, à escolha da forma de implantação, de baixo para cima ou de cima para baixo (*bottom-up* ou *top-down*), à solução de fundações para as cargas estruturais internas e o controle da água no período construtivo e permanente pós-construção. Essas decisões são fruto das condições e circunstâncias de cada caso e passam a ser abordadas a seguir.

3.1 Tipo de estrutura de contenção e método construtivo

A escolha do tipo da contenção depende de uma série de fatores, não havendo regra ou receita que conduza a uma escolha determinada. Normalmente, depende fortemente da tradição regional e da experiência dos envolvidos na solução do problema específico (técnicas e equipamentos disponíveis). As considerações usualmente intervenientes no processo são as seguintes:

- Custo, presente em todas as opções de solução de engenharia; existem sempre várias opções de solução técnica para um determinado problema, cada uma delas com um custo de execução associado. A comparação de custo final, além das características das soluções, será determinante daquela a ser adotada.
- Geometria da escavação, profundidade da escavação, extensão dos serviços e afastamento entre os limites de implantação; a geometria da escavação condiciona, por exemplo, a possibilidade de utilização de escoramento interno em vez de tirantes como elementos de suporte das paredes. Maiores profundidades implicam maiores cargas, maiores deslocamentos provocados, efeitos de escala que são mais bem resolvidos por determinados sistemas ou que são resolvidos de forma mais segura.

- Condições do solo – resistência das camadas a escavar e conter; obstruções eventualmente existentes (naturais ou produto de obras ou serviços anteriores no local); a presença de solos moles ou fofos abaixo do nível de água caracteriza dificuldades para sistemas nos quais a escavação ocorra sem que as paredes de contenção estejam concretadas *a priori*; a presença de blocos isolados (matacões) dificulta o uso de paredes diafragma, as quais são mais bem resolvidas (cada caso deve ter avaliação específica) com estacas justapostas; estacas justapostas podem ter maior capacidade de escavação do que equipamentos padrão de paredes diafragma (*clam-shells*); paredes de solo estabilizado com perfis metálicos podem ser opção em determinadas condições de resistência dos horizontes a atingir com a parede; estacas raiz justapostas podem ultrapassar matacões e constituir parede em horizontes rochosos; fresas são capazes de penetrar em materiais impenetráveis a outros sistemas.

- Presença da água – permeabilidade dos horizontes, eventual artesianismo; a correta avaliação e caracterização da condição de ocorrência de água são imprescindíveis para adotar uma opção segura e sem problemas construtivos significativos. As dificuldades construtivas a serem enfrentadas nos casos em que não ocorre a identificação dessas condições podem ser de tal monta que inviabilizem a solução inicialmente proposta e escolhida. A estanqueidade da solução também é fator a ser considerado, especialmente em se tratando de condições de uso do espaço de forma nobre.

- Vizinhança – fundações das edificações, sensibilidade de serviços e estruturas próximas, restrições de máximo deslocamento admitido; cada sistema de contenções provoca efeitos de natureza diversa nos vizinhos, tais como vibrações (elementos cravados), eventual perda de material (perfis prancheados), rigidez do sistema (paredes diafragma × estacas justapostas de grande seção), entre outros, cabendo sempre a avaliação de viabilidade e a comparação de desempenho esperado.

- Canteiro disponível; existem soluções em que a disponibilidade de canteiro de grande dimensão é essencial, devendo ser sempre objeto de avaliação por parte dos executantes. Equipamentos necessários nos casos de paredes diafragma com fluido estabilizador (desarenadores, armazenagem de lama, geradores, depósito de armaduras etc.), especialmente nas fresas que penetram em maciços rochosos, ocupam espaços avantajados.

- Equipamentos e serviços disponíveis no mercado no período e acesso deles ao local; equipamentos e serviços têm limitada disponibilidade nas diferentes regiões, e as grandes empresas com maior parque de equipamentos costumam permanecer em cada obra por períodos consideráveis, especial-

3 | Escolhas: decisões de projeto

mente com grande volume de serviços, como metrôs, cais etc., não havendo, em condições usuais, pronta disponibilidade de todos os sistemas.

- Durabilidade da solução – permanente × provisória; situações provisórias permitem o uso de escoramentos internos, enquanto soluções permanentes usualmente não admitem tal condição; a durabilidade não é condição crítica nas provisórias, mas é fundamental nas permanentes.
- Presença de contaminantes e agressividade do meio; a eventual presença de contaminantes e sua natureza, bem como a agressividade do meio, condicionam o uso de elementos metálicos na contenção e tirantes e sua proteção, especialmente em condições permanentes.
- Velocidade construtiva necessária – prazos; cada sistema construtivo tem sua produtividade e velocidade de avanço característica, dependendo da natureza dos serviços necessários, tais como número de escoras, número de tirantes, dimensões de trechos a escavar em cada etapa, entre outros.
- Volume de serviços necessários, dimensão da obra; o volume total de serviços acaba influenciando o custo de instalação de equipamentos, em geral elevado nos equipamentos especializados, principalmente se trazidos de maiores distâncias, bem como acaba influenciando o interesse dos executantes na obra e a viabilidade de soluções especiais.

No Quadro 3.1 são apresentadas as características, vantagens e limitações das diferentes soluções usadas na prática.

No caso de paredes diafragma, a adoção de elementos pré-fabricados praticamente não mais usados no Brasil vai depender de condições como altura a ser escorada, disponibilidade de fornecedores dos painéis, canteiro disponível, experiência dos executantes com o sistema, entre outros.

Existem opções de elementos de contenções com melhorias das propriedades do solo, tais como injeções ou *jet grouting*, *mixed-in-place*, *deep-soil-mixing* e *cutter soil mix*, com perfis verticais, que não serão objeto deste livro.

Soluções em solo grampeado, que se comporta como muro de gravidade (ver Lazarte et al., 2015), não serão abordadas também.

3.2 Escolha da forma de implantação – de baixo para cima ou de cima para baixo (*bottom-up* ou *top-down*)

A escolha da forma de implantação das contenções e da forma de escavação depende, entre outros, das possibilidades de uso de tirantes nos terrenos vizinhos, da sensibilidade das estruturas e serviços vizinhos, da altura da escavação, da geometria da estrutura a implantar, dos equipamentos disponíveis e da experiência anterior com os sistemas.

Quadro 3.1 Comparativo das diversas soluções (qualitativo)

Tipo de parâmetro	Espaço para implantação	Pontos de escoramento	Controle d'água	Vibrações	Pé-direito limitado	Verticalidade	Estrutura definitiva
Estrutura gravidade	Não disponível	Exigem a execução de outro sistema de contenção para sua implantação					
Estacas-prancha metálicas	Só se perdidas	Exigem escoramento entre 0,00 e 6,50 m	Sem rebaixamento	Moderada	Praticamente impossível	Boa	Não usual
Estacas-prancha de concreto	Disponível	Podem dispensar escoramento intermediário muito pesado	Sem rebaixamento	Cravação difícil com vibrações elevadas	Praticamente impossível	Sofrível pela difícil cravação	Estanqueidade das juntas sofrível
Perfil pranchada	Disponível	Exigem escoramento entre 0,00 e 6,50 m	Implantação só com rebaixamento	Moderada	Cravação difícil e onerosa	Boa	Estrutura provisória
Estações com concreto projetado	Disponível	Podem dispensar escoramento intermediário	Implantação só com rebaixamento	Nula	Execução difícil (equipamento especial)	Boa	Problemas nas ligações do concreto projetado com estações e lajes
Estações com colunas jet grout	Necessário verificar	Podem dispensar escoramento intermediário	Sem rebaixamento	Nula	Execução difícil (equipamento especial)	Boa	Estrutura provisória
Colunas jet grout	Não disponível	Não resistem à tração	Só se usadas como estrutura de gravidade (que não é aplicável ao caso)				
Paredes diafragma	Disponível	Podem dispensar escoramento intermediário	Sem rebaixamento	Nula	Execução viável sem maiores transtornos	Boa	Definitiva só necessitando acabamento
Estações justapostos	Disponível	Podem dispensar escoramento intermediário	Sem rebaixamento	Nula	Execução difícil (equipamento especial)	Boa	Estanqueidade das juntas sofrível

Quadro 3.1 Comparativo das diversas soluções (qualitativo) (cont.)

Tipo de parâmetro	Espaço para implantação	Pontos de escoramento	Controle d'água	Vibrações	Pé-direito limitado	Verticalidade	Estrutura definitiva
Estacas raiz justapostas	Disponível	Exigem escoramento entre 0,00 e 6,50 m	-	Nula	Exequível	Boa	Estanqueidade das juntas sofrível
Perfil pranchada disponível	Disponível	~ < 3,50	-	Moderada	Sofrível para o caso	Estrutura provisória	Escavação manual
Estacões com pranchamento de madeira (1)	Verificar	> 3,50	-	Nula	Boa	Estrutura provisória	Escavação manual
Estacões com concreto projetado (1) (2)	Verificar	> 3,50	-	Nula	Boa	Estrutura definitiva. Dificuldade de ligação com a estrutura definitiva	Escavação manual
Paredes diafragma	Disponível	> 3,50	-	Nula	Boa	Estrutura definitiva. Necessita acabamento	Escavação manual
Cortina com hélice contínua com concreto projetado (1)	Verificar	Dificuldade para armar toda a estaca	-	Nula	Boa	Estrutura definitiva. Dificuldades de ligação com estrutura definitiva	Escavação manual

(1) Há a necessidade de se estudar bem como fazer as ligações dos estacões e estacas hélice com o concreto projetado e deste com as lajes e vigas do subsolo.
(2) Pode haver problemas de lama nos subsolos dos vizinhos, como no caso da parede diafragma.

Fonte: Hachich et al. (1998).

A solução de elementos periféricos suportados por tirantes permite a escavação a céu aberto e a implantação da estrutura de forma convencional, acelerando o processo construtivo, em nossa experiência.

A grande vantagem do sistema de cima para baixo (*top-down*) é a não utilização de tirantes, além da grande rigidez resultante na contenção em todas as etapas da escavação, com mínima perturbação dos vizinhos. A resultante escavação abaixo das lajes ou da estrutura, a acuidade executiva necessária para a instalação das fundações a partir do nível original ou próximo dele e a colocação dos pilares nas fundações executadas a partir do nível superior ao último subsolo constituem desvantagens ou dificuldades construtivas importantes, além de possuírem custos de difícil estimativa. A tendência atual na prática europeia é de uso cada vez maior dessa opção, com o desenvolvimento de equipamentos e técnicas para a colocação de pilares rigorosamente locados em sua posição final.

A Fig. 3.1 mostra a solução de cima para baixo (*top-down*) em uma obra de pequena extensão, com três subsolos, sem a possibilidade de uso de tirantes. As contenções foram feitas com estacas hélice contínua secantes para permitir a execução até a profundidade necessária, pela presença de solos de alta resistência em profundidade inferior à de implantação do terceiro subsolo, sendo essas estacas armadas com perfis metálicos I. A execução parcial da estrutura na periferia serviu de suporte durante a escavação. Feita uma escavação parcial até o nível do primeiro subsolo, foi concretada parte da laje, formando um escoramento geral nessa cota. Depois, realizou-se uma escavação até a cota de implantação do terceiro subsolo, com berma calculada para não permitir grandes deslocamentos dos vizinhos com fundações superficiais (prédio com cinco pavimentos). Foram executadas as fundações em sapatas da obra e iniciada a estrutura do prédio. Após completar sua construção e apoio das contenções, as bermas foram retiradas.

A Fig. 3.2 apresenta uma cortina de estacas justapostas, e a Fig. 3.3, a execução de uma cinta de concreto no nível do primeiro subsolo e uma escavação em andamento.

As Figs. 3.4 e 3.5 exibem, respectivamente, uma escavação no nível do terceiro subsolo e abaixo dele. Já na Fig. 3.6 apresenta-se a laje do piso do segundo subsolo concretada, e na Fig. 3.7, a estrutura central concretada até o nível do térreo. Por sua vez, na Fig. 3.8 mostra-se o panorama das contenções no terceiro subsolo em um prédio construído.

3.3 Solução de fundações para as cargas estruturais internas

A solução de fundações para as cargas estruturais internas depende fundamentalmente do solo existente abaixo da cota de implantação da escavação, da natureza das cargas e do processo construtivo de implantação (*top-down* ou *bottom-up*). No

3 | Escolhas: decisões de projeto

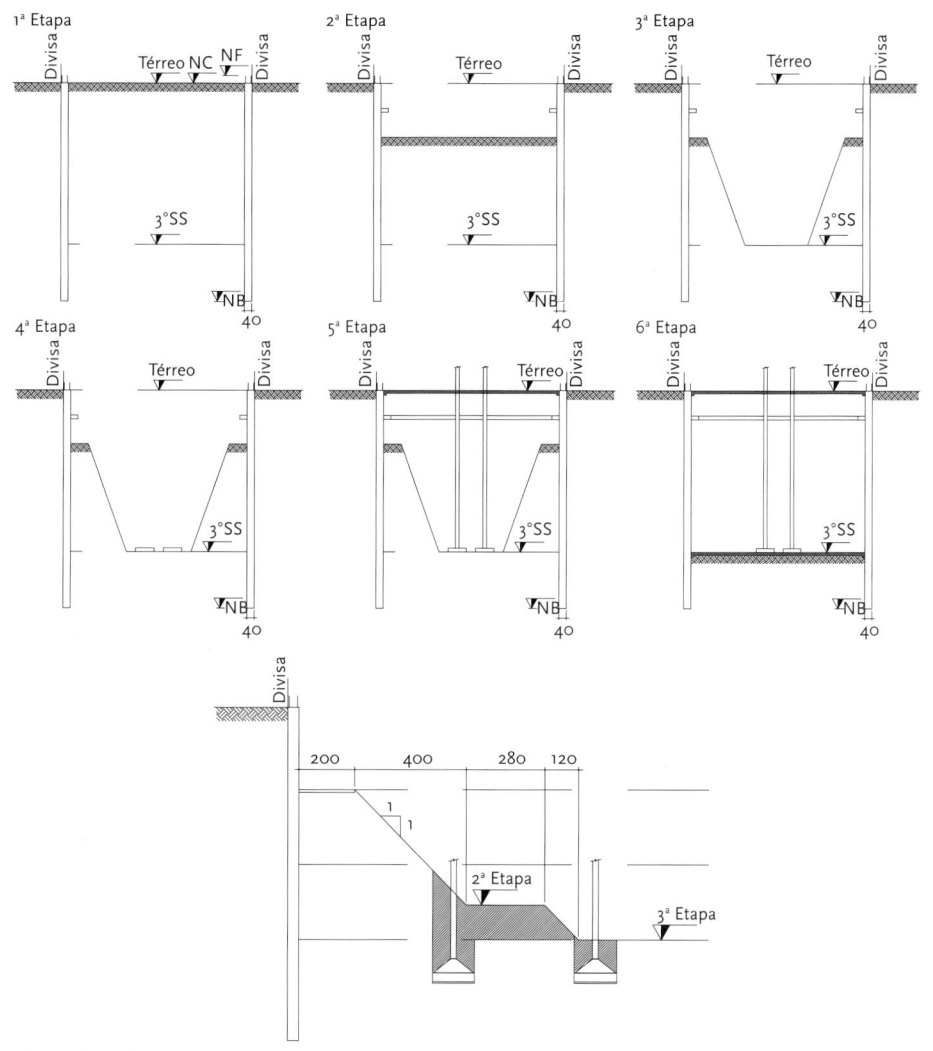

Fig. 3.1 *Sequência executiva top-down*

Fig. 3.2 *Cortina de estacas justapostas executada*

caso de adoção do sistema *top-down*, é desejável a utilização de um elemento único como fundação dos pilares centrais, sendo típica a adoção de estacas escavadas de grande seção únicas por pilar ou "barretes". Alternativamente, pode ser empregado um elemento de fundação central executado a partir do nível original do terreno, implantação dos pilares e posterior execução de estacas (tipo raiz, por exemplo) a serem consolidadas em bloco único, no caso de as cargas finais não serem compatíveis com elemento único central, como mostrado na Fig. 3.9.

Fig. 3.3 *Execução da cinta de concreto no nível do primeiro subsolo e escavação em andamento. Contenções em cortina de estaca hélice contínua armadas com perfis metálicos*

Fig. 3.4 *Escavação no nível do terceiro subsolo*

Fig. 3.5 *Escavação para a execução de fundações diretas abaixo do terceiro subsolo*

Fig. 3.6 *Laje do piso do segundo subsolo concretada*

Fig. 3.7 *Estrutura central concretada até o nível do térreo, com escavação parcial em andamento*

3 | Escolhas: decisões de projeto

Dependendo das condições locais de solo e da geometria da escavação, as fundações dos pilares centrais (não coincidentes com os limites da obra) podem ser executadas a partir do nível original do terreno ou de um nível intermediário.

O aspecto prático da necessidade de retirada do equipamento executivo das fundações deve ser levado em consideração na escolha do sistema e no planejamento da implantação e da remoção da rampa usada para retirar o solo do interior do canteiro. Esse item deve fazer parte do planejamento da implantação da obra e ser decidido de comum acordo com o executante das fundações antes do início da obra.

Fig. 3.8 *Prédio construído com panorama das contenções no terceiro subsolo*

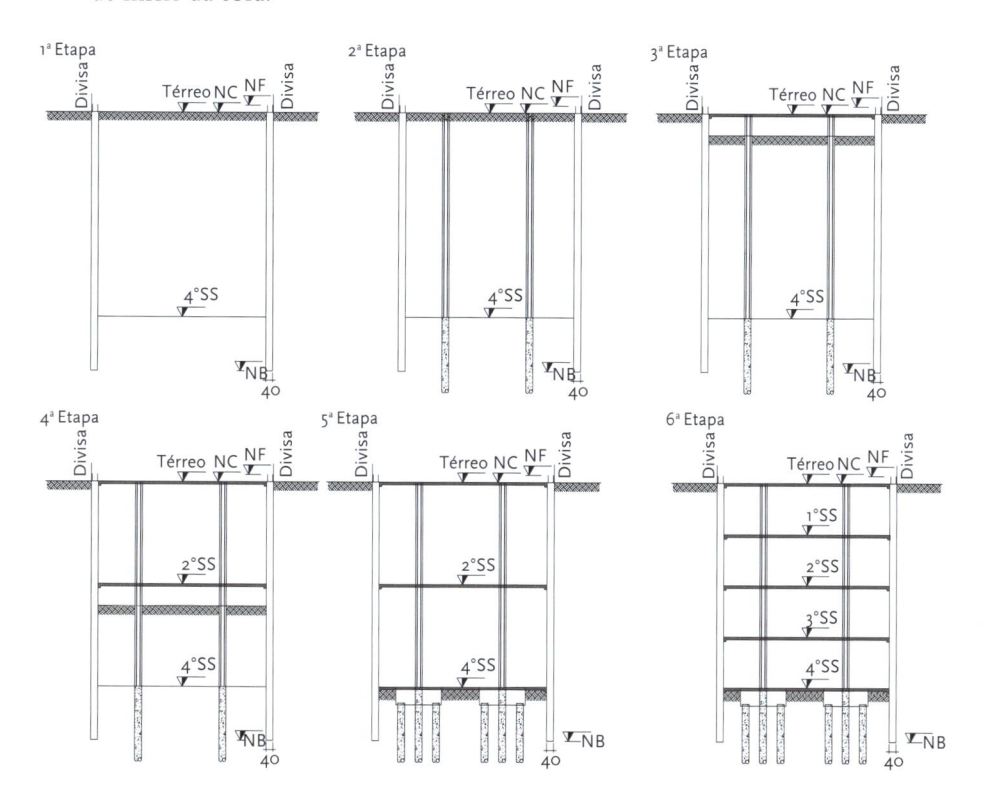

Fig. 3.9 *Sequência construtiva com elemento de fundação central e pilar metálico apoiado transferindo carregamento parcial e posterior incorporação das fundações definitivas para carga total*

Equipamentos para execução de fundações menos pesados (estacas raiz) podem ser retirados do interior da escavação por guindaste de porte intermediário. Equipamentos pesados, tipicamente acima de 50 t, são preferencialmente retirados pela rampa, quando factível essa opção.

3.4 Contenção da água no período construtivo e permanente

A presença de horizontes permeáveis e de nível de água elevado pode condicionar a necessidade de rebaixamento do nível freático, dependendo do sistema de contenção escolhido. Seus efeitos devem ser bem avaliados para não causarem danos a estruturas vizinhas devido ao rebaixamento ou ao adensamento de solos argilosos saturados existentes no local. Em certas circunstâncias, poços de captação são suficientes para permitir a implantação da obra. Dependendo das condições de subsolo e de vizinhança, a recarga do lençol pode ser necessária para evitar efeitos muito significativos nas estruturas vizinhas mais frágeis.

A presença de nível de água pode ser resolvida, do ponto de vista dos efeitos de subpressão, com a parede de contenção levada até uma profundidade em que seus efeitos sejam mínimos; por meio de laje de supressão; com elementos tracionados (fundações ou tirantes); com drenagem permanente (também com seus efeitos a serem avaliados quanto às estruturas vizinhas); ou pelo tratamento do solo abaixo da cota de implantação dos subsolos.

A Fig. 3.10 apresenta um solo tratado abaixo do subsolo, muito mole no nível de escavação e com problema de estabilidade de fundo.

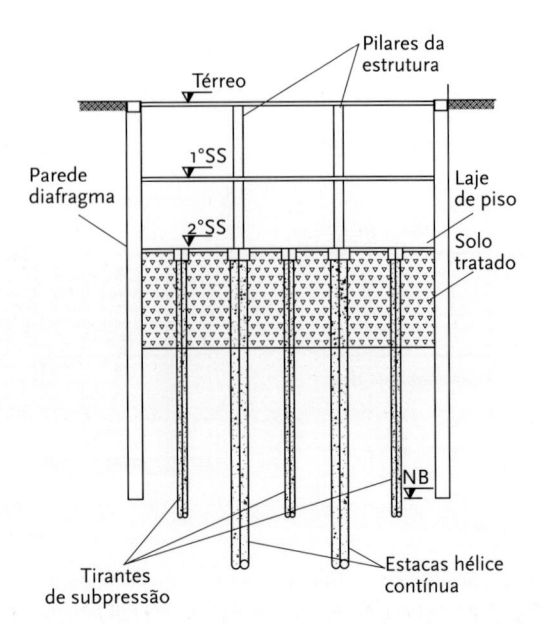

Fig. 3.10 *Solo tratado abaixo do subsolo (corte da solução da obra com 2 SS). Presença de solos muito moles no nível de escavação e problema de estabilidade de fundo*

3 | Escolhas: decisões de projeto

A utilização de programas de cálculo de percolação permite avaliar o efeito da presença das contenções até níveis diferenciados de profundidade ou atingindo horizontes impermeáveis.

A Fig. 3.11 apresenta a drenagem abaixo do último subsolo em substituição à laje de subpressão, enquanto a Fig. 3.12 exibe o cálculo de percolação via elementos finitos.

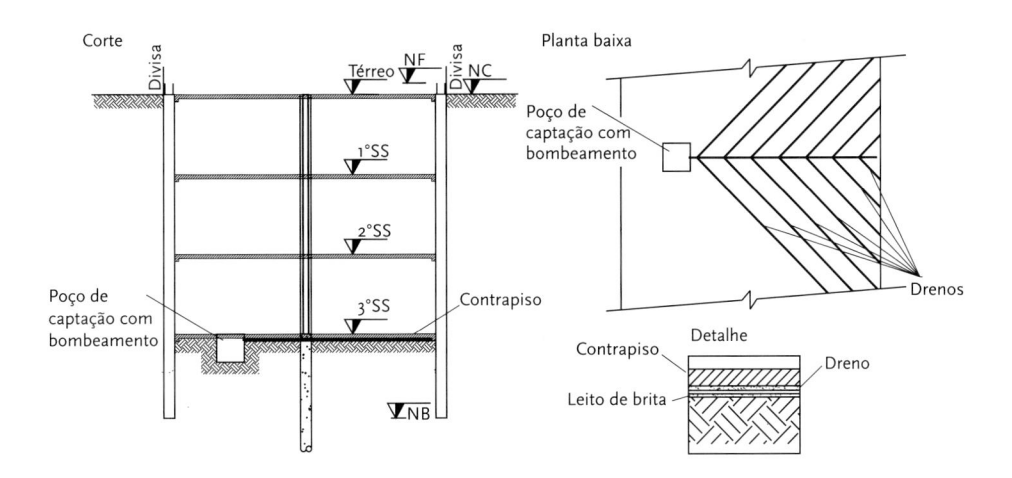

Fig. 3.11 *Drenagem abaixo do último subsolo em substituição à laje de subpressão*

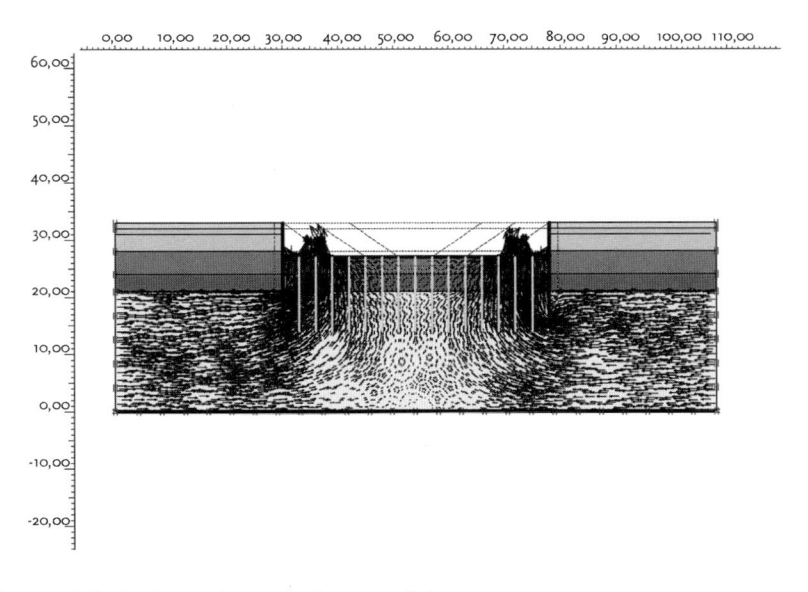

Fig. 3.12 *Cálculo de percolação via elementos finitos*

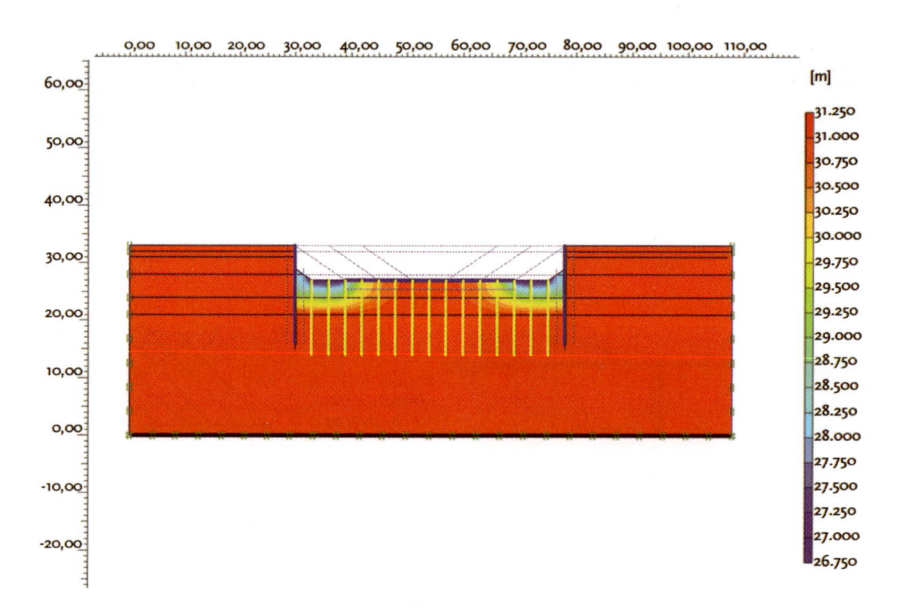

Fig. 3.12 *Cálculo de percolação via elementos finitos (cont.)*

4 Projeto: obtenção de dados e análise

A elaboração do projeto envolve a determinação das solicitações e da segurança referente aos estados-limite, ou seja, quanto a todos os mecanismos possíveis de colapso, como mostrado de forma esquemática na Fig. 4.1. Segurança nos estados-limite, na definição dada por Simpson e Driscoll (1998), é aquela situação na qual a atenção fica focada em afastar a estrutura dessa condição, ou seja, além da situação onde a estrutura de contenção não mais satisfaz aos requisitos de desempenho do projeto. Isso se refere a danos, perda econômica ou situações inseguras. No projeto referente aos estados-limite, é dedicada atenção ao inesperado, ao indesejável e a condições improváveis em

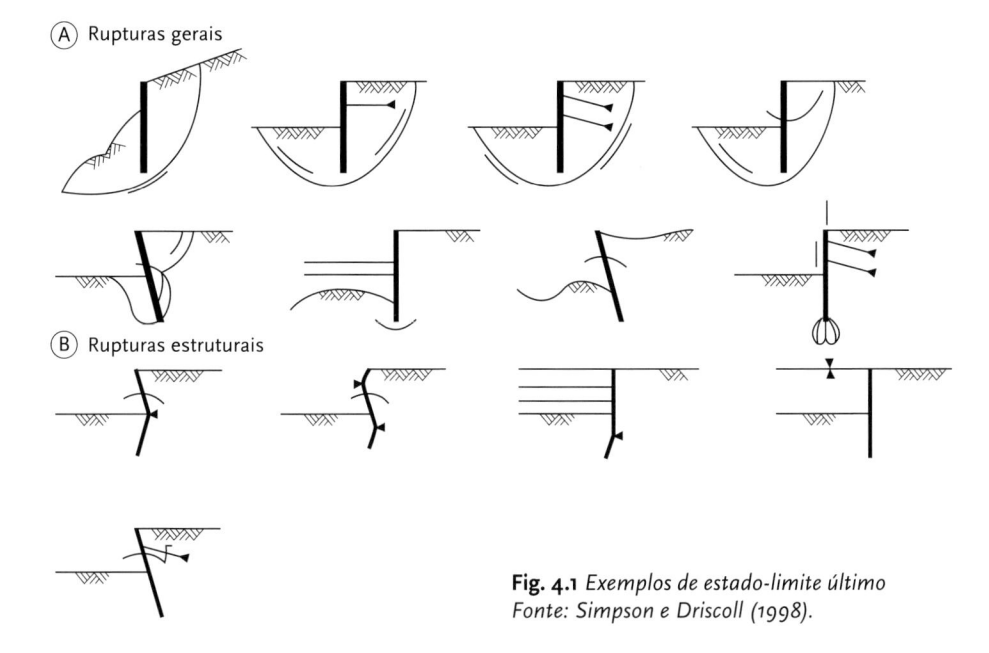

Fig. 4.1 *Exemplos de estado-limite último*
Fonte: Simpson e Driscoll (1998).

que a construção deixa de se comportar satisfatoriamente. A segurança em relação aos estados-limite pode ser alcançada pela adoção de valores pessimistas de parâmetros de projeto, resistências, cargas e geometria, checando para que mesmo nessas condições a estrutura não colapse. O grau de pessimismo associado ao parâmetro selecionado dependerá da severidade e da consequência do estado-limite a que está relacionado.

A Tab. 4.1 apresenta os fatores de segurança adotados para estruturas de contenção e sua evolução e diversidade segundo vários autores.

Tab. 4.1 FATORES DE SEGURANÇA INTERNACIONAIS RECOMENDADOS

Norma	Fatores de segurança usando parâmetros medianamente conservadores		
	Aplicados a	Temporários	Permanentes
CP2	Empuxos passivos totais	2,0	2,0
Piling handbook	Empuxos passivos efetivos	1,0 para estruturas em balanço	
		2,0 para estruturas estroncadas	
CIRIA 104	Embedment	1,1-1,2	1,2-1,6 (1,5)
		2,0 para tensões totais	
	Empuxos passivos totais	1,2-1,5	1,5-2,0
		2,0 para tensões totais	
	Empuxos passivos efetivos	1,3-1,5	1,5-2,0
		2,0 para tensões totais	

Norma	Fatores de segurança parciais			Condição/nota
	tg ϕ'	c'	S_u	
CIRIA 104	1,1-1,2	1,1-1,2	1,5	Temporário
	1,2-1,5	1,2-1,5	-	Permanente
HK Geoguide 1	1,2	1,2	2,0	
BS 8002	1,2	1,2	1,5	Para resistência de pico
	1,0	1,0	-	Para resistência do estado crítico
CIRIA C580	1,2[a]	1,2[a]	1,5[a]	Medianamente conservador[b]
	1,0	1,0	1,0	Pior caso
	1,2[a]	1,2[a]	1,5[a]	Mais provável
EM 1997-1	1,0	1,0	1,0	*Design approch* 1, combinação 1[c]
	1,25[a]	1,25[a]	1,4[a]	*Design approch* 1, combinação 2[c]

[a] 1,0 para estado-limite de serviço.
[b] Não aplicável a estado-limite de serviço.
[c] Fatores parciais também aplicados às cargas.

Fonte: Clayton et al. (2014).

Casos históricos de acidentes em contenções com paredes diafragma e estacas justapostas são tipicamente associados a dificuldades de concretagem e falta de estanqueidade das juntas. Colapsos de contenções escoradas são raramente ocasio-

4 | Projeto: obtenção de dados e análise

nados por erros na determinação dos esforços ou no dimensionamento das cortinas propriamente ditas. Usualmente são associados a (CIRIA, 2003):
- conhecimento inadequado das condições geológico-geotécnicas e hidrogeológicas locais;
- projeto deficiente, com mau detalhamento construtivo e de especificações;
- mão de obra de má qualidade na execução dos sistemas de suporte;
- sequência construtiva inadequada, resultando em empuxos diferentes e superiores aos de projeto;
- controle inadequado das etapas construtivas, tais como escavação além das cotas definidas para a implantação dos escoramentos e sobrecargas não consideradas de equipamentos pesados adjacentes.

Entre as causas mais frequentes de acidentes em escavações em solos moles, pode-se listar as seguintes:
- ausência de programa de investigação adequado que revele a verdadeira condição de propriedades dos materiais e sua variabilidade (é um permanente desafio profissional mostrar aos clientes a importância da caracterização dos solos);
- uso de métodos de projeto não adequados ao problema específico (tipicamente referente ao comportamento do solo e/ou do escoramento);
- falta de detalhamento e especificações adequadas;
- erros no processo construtivo, tais como escavações em excesso em relação ao que foi projetado (níveis e bermas internas, por exemplo).

Publicações abrangentes sobre empuxos de solo e estruturas de contenção, com a determinação das condições gerais de solicitações e estabilidade, são Clayton, Milititsky e Woods (1993) e Clayton et al. (2014).

Experiências com solos brasileiros podem ser encontradas em Maffei, André e Cifú (1977), Martins (1982), Martins, Souza Pinto e Dib (1974), Marzionna (1978), Massad (1978a, 1978b, 1985a, 1985b, 2005), Massad e Teixeira (1985) e Ranzini e Negro Jr. (1998).

Serão abordados neste capítulo, com comentários e indicações, alguns desses procedimentos, tais como: o cálculo das solicitações na parede, simulando a implantação passo a passo; a determinação das reações no escoramento (sequência construtiva); o dimensionamento da parede, considerando as etapas construtivas e na condição final de apoio na estrutura; e a segurança dos vizinhos durante a implantação, com a previsão dos deslocamentos. Questões referentes à percolação e aos cuidados relativos à impermeabilização de estruturas enterradas não serão abordadas.

O primeiro comentário a ser feito sobre a questão do cálculo das solicitações na parede e a previsão de deslocamentos dela e do terreno vizinho é que não existe uma forma única e confiável, ou seja, precisa, devendo sempre ser utilizada mais de uma ferramenta e abordagem para tais finalidades.

Experiência anterior documentada constitui valiosa informação e deve ser utilizada sempre. Na publicação CIRIA (2003) podem ser encontradas em detalhe as diversas abordagens do problema, sendo ali referido de forma judiciosa que: "métodos mais simples, com propriedades do solo bem representativas do problema em pauta, são mais confiáveis que métodos complexos e sofisticados (método dos elementos finitos tridimensional, por exemplo) quando não se dispõe de dados representativos ou confiáveis".

A obtenção de dados do solo relativos à solução de problema de projeto será dependente de inúmeros fatores a serem considerados pelo projetista, a saber: complexidade do problema no que se refere às dimensões da escavação e à presença de edificações e serviços vizinhos, experiência com o subsolo em pauta, ferramentas de cálculo disponíveis, métodos de investigação *in situ* e laboratoriais existentes, prazos para estudos, e recursos financeiros alocados à investigação, entre outros.

Para escavações em locais com subsolo conhecido, de profundidade não significativa (menos que 10 m) e sem interferências da vizinhança, os métodos usuais de reconhecimento do subsolo para resolver problemas de fundações são adotados. Caso sejam necessários cálculos para definir as soluções, envolvendo risco pela escala do problema e pelas características do projeto, o escopo da investigação assume outra dimensão.

Os ensaios *in situ* correntes na prática brasileira são os de sondagens SPT e os conepenetrométricos (CPT). Quando esses são os ensaios utilizados, somente podem ser obtidas e usadas correlações com as propriedades relevantes, com severas limitações de representatividade.

Para a determinação das variáveis necessárias para a solução de projeto, em que tensões preexistentes e módulos de deformação dos horizontes se fazem necessários, os ensaios de cone sísmico para a determinação de módulo e o dilatômetro de Marchetti para a estimativa das tensões preexistentes são as ferramentas disponíveis comercialmente. Ensaios pressiométricos utilizados na prática internacional têm limitação de disponibilidade no mercado, com poucos executantes em nossa prática.

Laboratórios com capacidade de determinação das propriedades relevantes são disponíveis no Brasil, com a obtenção de amostras indeformadas e a programação dos ensaios por parte dos projetistas.

Os métodos modernos disponíveis para a caracterização das propriedades dos solos por meio de ensaios *in situ* e sua interpretação podem ser encontrados em Schnaid et al. (2003), Schnaid (2009), Schnaid e Odebrecht (2012), Baldi et al. (1981, 1989), Hryciw (1990), Kulhawy e Mayne (1990), Lunne, Lacase e Rad (1989), Robertson (2012), Robertson, Lunne e Powell (1997), Villet e Mitchell (1981) e Wroth et al. (1979).

4.1 Métodos de análise

Entre os métodos de análise, podem ser utilizados:

- métodos de equilíbrio-limite;
- métodos usando simulação de viga com apoio elástico (*subgrade-reaction* – Winkler);
- métodos de elementos finitos e diferenças finitas.

Os modelos clássicos de equilíbrio-limite, baseados conceitualmente no equilíbrio de esforços gerados por diagramas de pressões aparentes, constituem a base de cálculo convencional para projeto de contenções.

As abordagens baseadas no modelo de molas de Winkler representam um avanço, permitindo estimar deslocamentos da estrutura.

Modernamente, o método de elementos finitos, incorporado em programas comerciais, vem sendo uma alternativa na prática corrente de projeto, possibilitando uma análise ampla do problema e a determinação de solicitações, deslocamentos e esforços nos elementos estruturais. Desvios entre hipóteses de comportamento dos modelos de empuxo (ou pressões) clássicos e resultados retroanalisados de medições em estruturas instrumentadas podem ser então explicados quando os efeitos das rigidezes relativas estrutura/solo e a sequência construtiva real são levados em consideração.

O Quadro 4.1 apresenta as propriedades e parâmetros do solo necessários para vários métodos de análise e cálculo.

Quadro 4.1 Parâmetros do solo requeridos para diversos métodos de cálculo

Método de cálculo	Parâmetros do solo						
	Peso específico do solo γ_b	Coeficiente de empuxo ao repouso K_o	Resistência ao cisalhamento				Parâmetros de rigidez do solo
			Estado-limite último		Estado-limite de serviço		
			Tensão total S_u	Tensão efetiva c', ϕ'	Tensão total S_u	Tensão efetiva c', ϕ'	
Equilíbrio-limite	✓	✗	✓	✓	✓	✓	✗
Reação de subleito/ Elementos pseudofinitos	✓	✓	✓	✓	✓	✓	✓

Quadro 4.1 Parâmetros do solo requeridos para diversos métodos de cálculo (cont.)

Método de cálculo	Parâmetros do solo							
	Peso específico do solo γ_b	Coeficiente de empuxo ao repouso K_o	Resistência ao cisalhamento					Parâmetros de rigidez do solo
			Estado-limite último		Estado-limite de serviço			
			Tensão total S_u	Tensão efetiva c', ϕ'	Tensão total S_u	Tensão efetiva c', ϕ'		
Elementos finitos/Diferenças finitas								
Elastoplástico, modelo Mohr-Coulomb	✓	✓	✓	✓	✓	✓		✓
Modelo de rigidez não linear	✓	✓	(1)	(1)	(1)	(1)		(1)

A publicação CIRIA (2003) apresenta em detalhe comparações de problemas resolvidos com diferentes procedimentos e serve como indicação para o conhecimento das vantagens e limitações dos métodos. Entre as conclusões ali apresentadas, do ponto de vista da prática, ressaltam-se as seguintes:

- Para contenções suportadas por ancoragens ou escoramento interno, nas quais ocorre redistribuição de tensões, a análise utilizando equilíbrio-limite resultará em paredes mais profundas com momentos fletores maiores se comparados aos obtidos por análise com interação solo × estrutura. Cargas nas ancoragens ou escoramento interno a partir de equilíbrio-limite serão inferiores àquelas resultantes dos métodos com interação. Como resultado dessa conclusão, cargas obtidas por meio de métodos de equilíbrio-limite poderão ser inferiores às reais e devem ser tratadas com cautela.
- Nos casos em que as cargas calculadas no escoramento forem muito diferentes daquelas conhecidas pela experiência de casos comparáveis, o projetista deve investigar e entender os motivos para a obtenção dos valores calculados (adotar fatores de segurança relevantes nesse caso).

Nessa mesma publicação são apresentadas as vantagens e limitações das diferentes abordagens na solução do problema de cálculo:

- *Equilíbrio-limite*: tem como vantagens necessitar do conhecimento apenas dos parâmetros de resistência do solo e ser simples e direto. As desvantagens referidas são as de não considerar a interação solo × estrutura, não calcular deformações e deslocamentos, resolver somente a condição bidimensional e não considerar o estado de tensões preexistente à escavação.

- *Métodos usando simulação de viga com apoio elástico* (subgrade-reaction): apresentam as vantagens de modelar a interação solo × estrutura na sequência construtiva, calcular movimentos da contenção, ser relativamente simples e os resultados considerarem o estado de tensões anterior à escavação. Como limitações, são referidas as seguintes: comportamento do solo representado de forma simplificada, módulos do terreno de difícil avaliação, métodos somente bidimensionais, bermas de contenção de difícil representação no modelo, movimentos ao redor da escavação não determinados.
- *Métodos de elementos finitos e diferenças finitas*: apresentam as vantagens de modelar a interação solo × estrutura na sequência construtiva, modelos complexos poderem representar variação de rigidez do solo com deformações e anisotropia, calcular movimentos da contenção e do solo vizinho, levar em consideração o estado de tensões preexistente no local, poder modelar adensamento, poder analisar casos bidimensionais e tridimensionais e ter potencial de boa representação da resposta da poropressão. As limitações conhecidas são as seguintes: serem demorados na representação da geometria e cálculo, a qualidade dos resultados depender da disponibilidade dos modelos tensão × deformação para o terreno, dados com alta qualidade serem necessários para a obtenção de resultados realmente representativos, pacotes de programas com caracterização estrutural pobre, necessitarem de bastante experiência no uso do *software* pelo usuário.

4.2 Dados geomecânicos de projeto – alternativas disponíveis para prospecção de subsolo

4.2.1 Ensaios *in situ*

Uma vez conhecida a profundidade da escavação a conter, o próximo passo é a definição do perfil de propriedades mecânicas das camadas para a montagem dos modelos de cálculo.

Para essa etapa, é preciso avaliar os resultados da investigação geotécnica, cujo tipo, quantidade e profundidade de solo prospectados deverão estar relacionados às características geométricas do projeto e à complexidade hidrogeológica do local. A interpretação de uma quantidade adequada de dados permitirá prever de forma correta o tipo de parede, o método e a sequência construtiva, bem como o equipamento indicado para realizar a escavação de modo eficiente.

Entre os procedimentos disponíveis na prática nacional, o mais comum é a sondagem de simples reconhecimento (SPT), com algumas sofisticações recentemente introduzidas no mercado, como o *hollow stem auger*, que permite amostragem contínua. Geralmente, o ensaio se estende até o "impenetrável" (tipicamente, com resistência N_{SPT} > 50 golpes, associada à presença de materiais rochosos intemperizados, blocos ou areias muito densas). Outras técnicas de perfuração e de coleta de amostras deverão ser empregadas se a profundidade de escavação se estender abaixo do limite solo/rocha alterada (sondagem rotativa).

Camadas de solos argilosos muito moles (N_{SPT} < 5) constituem outra situação em que os resultados dos ensaios SPT da sondagem de simples reconhecimento não são adequados para a definição de parâmetros de cálculo (podem apenas ser usados como referência preliminar).

Entre as duas situações extremas anteriormente citadas, podem ser encontradas na literatura numerosas correlações entre N_{SPT} e valores de propriedades mecânicas de resistência ou deformabilidade. Em alguns casos, o número N_{SPT} obtido no ensaio (dependendo da origem da correlação) poderá necessitar de correções relacionadas com a eficiência de ensaio e o nível de tensões geostáticas. Embora seja um processo de cálculo correto conceitualmente, seu resultado deverá ser usado com critério, quando a deformabilidade da parede ou os recalques do nível do terreno adjacente constituírem restrições críticas do projeto.

O ensaio de penetração estática ou conepenetração (CPT) permite um reconhecimento rápido e eficiente do perfil de subsolo. De maneira geral, o perfil contínuo de resultados em unidades de engenharia (kgf/cm² ou kPa) possibilita o emprego de modelos de interpretação mais racionais que aqueles adotados no caso do SPT. A limitação de parada, ou limite de penetração, encontra-se na presença de materiais rochosos, rocha intemperizada ou camadas espessas de areias muito densas. No caso de solos sedimentares (argilas, siltes ou areias medianamente densas), permite estimar propriedades de resistência e deformabilidade por meio de modelos teóricos comparáveis a técnicas de laboratório.

Outras técnicas de reconhecimento, como os ensaios pressiométrico (Menard MPM ou *self boring* SBPM) e dilatométrico (DMT), apresentam algumas vantagens sobre as anteriores: a de medir o comportamento tensão × deformação em forma direta e em uma faixa de distorções bastante ampla. Seu uso, porém, não está difundido na prática nacional pelo reduzido número de executantes, no grau comparável às duas primeiras.

4.2.2 Ensaios de laboratório sobre amostras indeformadas

Os casos em que a representatividade espacial das amostras e das condições de drenagem pode ser reproduzida em laboratório justificam a retirada de amostras indeformadas. No caso de escavações em solos finos, em que é necessário avaliar deformações, os parâmetros de deformabilidade podem ser estimados com base em ensaios triaxiais. Nos solos granulares, a dificuldade de amostragem limita o uso de técnicas laboratoriais.

4.2.3 Regime freático
A definição do comportamento freático por meio de piezômetros ou medidores de nível d'água é fundamental para o projeto, pois:
- os empuxos da água são uma parcela expressiva do empuxo total na parede;
- o detalhamento construtivo inadequado em locais com solos finos abaixo do nível freático pode causar rupturas catastróficas em estruturas de contenção (ruptura de fundo ou carreamento de partículas através de falhas na parede);
- é essencial considerar os efeitos da alteração das tensões efetivas nas estruturas circundantes à escavação.

4.3 Perfil de projeto – estimativa de valores das propriedades
O conjunto mínimo de informações necessário para um projeto de contenções é composto de:
- perfil estratigráfico indicando posição e espessuras de camadas;
- níveis freáticos;
- pesos específicos de cada camada;
- resistência ao cisalhamento de cada camada, bem como definição do tipo de comportamento durante o processo construtivo (drenado ou não drenado);
- parâmetros de deformabilidade de cada camada (E ou G).

O Quadro 4.2 apresenta as características de diversos ensaios de reconhecimento.

Quadro 4.2 CARACTERÍSTICAS DE DIVERSOS ENSAIOS DE RECONHECIMENTO

Categoria	Ensaio	Sigla	Medidas	Aplicações
	Geofísica			
Ensaios não destrutivos ou semidestrutivos	Refração sísmica	SR	Ondas P a partir da superfície	Caracterização do solo
	Ondas superficiais	SASW	Ondas R a partir da superfície	Módulo a pequenas deformações (G_o)
	Crosshole	CHT	Ondas P e S no pré-furo	
	Downhole	DHT	Ondas P e S com profundidade	
	Pressiômetro			Módulo de cisalhamento
	Com pré-furo	PMT	G, curva ($\Psi \times E$)	Resistência ao cisalhamento
	Autoperfurante	SBPM	G, curva ($\Psi \times E$)	Tensão horizontal *in situ*
				Propriedades de adensamento
	Ensaio de placa	PLT	Curva ($L \times \delta$)	Resistência e rigidez

Quadro 4.2 Características de diversos ensaios de reconhecimento (cont.)

Categoria	Ensaio	Sigla	Medidas	Aplicações
Ensaios de penetração	Ensaio de cone			Perfil do subsolo
	Elétrico	CPT	q_c, f_s	Resistência ao cisalhamento
	Piezocone	CPTU	q_c, f_s, u	Densidade relativa
				Propriedades de adensamento
	Ensaio de penetração (energia controlada)	SPT	Golpes para penetrar (N)	Perfil do subsolo
				Ângulo de atrito interno (ϕ')
	Dilatômetro	DMT	p_0, p_1	Rigidez
				Resistência ao cisalhamento
	Ensaio de palheta (*Vane*)	VST	Torque	Resistência não drenada (S_u)
Ensaios combinados (invasivos + não destrutivos)	Cone pressiômetro	CPMT	$q_c, f_s, u, G,$ curva ($\Psi \times E$)	Perfil do subsolo
				Módulo de cisalhamento (G)
				Resistência ao cisalhamento
				Propriedades de adensamento
	Cone sísmico	SCPT	q_c, f_s, u, v_p, v_s	Perfil de subsolo
				Resistência ao cisalhamento
				Módulo a pequenas deformações (G_0)
				Propriedades de adensamento
	Cone resistivo	RCPT	q_c, f_s, p	Perfil de subsolo
				Resistência ao cisalhamento
				Porosidade do solo
	Dilatômetro sísmico		p_0, p_1, v_p, v_s	Rigidez (G e G_0)
				Resistência ao cisalhamento

4.3.1 Peso específico de cada camada

Os valores de pesos específicos usados nos cálculos podem ser obtidos de amostras, no caso de solos finos ou cimentados. Já no caso de materiais granulares, a dificuldade de amostragem obriga ao uso de correlações. No caso da Fig. 4.2, por meio do sistema unificado de classificação de solos (SUCS), é possível obter valores de referência do peso específico seco (γ_d), que deverá ser convertido adequadamente à condição de umidade para obter-se γ_{nat}.

4 | Projeto: obtenção de dados e análise

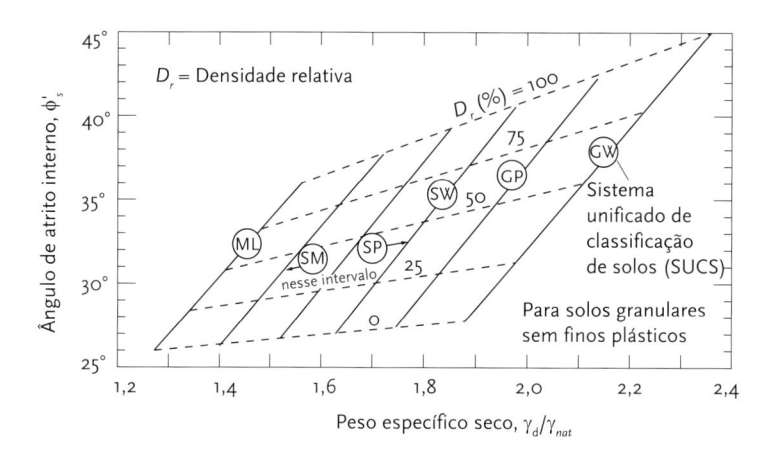

Fig. 4.2 *Pesos específicos para diferentes tipos de materiais. Fonte: Kulhawy e Mayne (1990).*

4.3.2 Resistência ao cisalhamento

Existe um número bastante amplo de técnicas de laboratório ou de campo disponíveis para a determinação das propriedades de resistência dos solos necessárias ao projeto.

As estruturas de contenção executadas para o suporte de cortes apresentam como característica geral a necessidade de serem projetadas considerando situações de curto e longo prazo. Assim, e de forma geral, na maioria das situações é preciso estimar as propriedades de resistência em termos efetivos.

Solos granulares

O ângulo de atrito efetivo (ϕ') representa o principal componente de resistência ao cisalhamento de solos granulares e pode ser estimado com base em resultados de ensaios de CPT ou SPT. A condição de cálculo drenada, no entanto, requer uma condutividade hidráulica (permeabilidade) relativamente alta, sendo para isso importante estimar qual a porcentagem de fração fina presente (deve ser inferior a 25%).

A coesão efetiva, C', pode ser encontrada em areias cimentadas e deve ser estimada separadamente. Nos casos de solos parcialmente saturados, a contribuição da coesão aparente associada à sucção matricial costuma ser ignorada nos cálculos.

No caso de solos oriundos de alterações por intemperismos, as duas parcelas de resistência ocorrem de forma simultânea. No caso de ensaios *in situ*, não é trivial separar cada componente de forma independente e inequívoca. O projetista deve então desenvolver critérios consistentes para estabelecer os valores de cálculo de ambas as componentes, C' e ϕ'.

Para sondagens de simples reconhecimento SPT e ensaios de penetração estática CPT, as Tabs. 4.2 e 4.3 apresentam alguns valores orientativos para obter uma estimativa de ϕ'. As Figs. 4.3 e 4.4 ilustram esses valores na forma de gráficos contínuos.

Tab. 4.2 Ângulos de atrito interno com base no N_{SPT}

SPT N_{60} (golpes/pé)[a]	Descrição da densidade	Densidade relativa	ϕ' (°)[b]
0-4	Muito fofa	<20	<30
4-10	Fofa	20-40	30-35
10-30	Medianamente compacta	40-60	35-40
30-50	Compacta	60-80	40-45
>50	Muito compacta	>80	>45(c)

[a] Desconsidera a correção de eficiência.
[b] Segundo Kulhawy e Mayne (1990), baseados em Meyerhof (1956).
[c] Para areias, o ângulo de atrito tem limite superior de 40°; para pedregulhos, pode ser de 45°.

Tab. 4.3 Ângulos de atrito interno com base no CPT

Resistência de ponta do CPT normalizada (q_c/P_a)[a]	Descrição da densidade	Densidade relativa	ϕ' (°)[b]
<20	Muito fofa	<20	<30
20-40	Fofa	20-40	30-35
40-120	Medianamente compacta	40-60	35-40
120-200	Compacta	60-80	40-45
>200	Muito compacta	>80	>45(c)

[a] P_a é a pressão atmosférica, que equivale a 100 kPa.
[b] Com base em Meyerhof (1956).
[c] Para areias, o ângulo de atrito tem limite superior de 40°; para pedregulhos, pode ser de 45°.

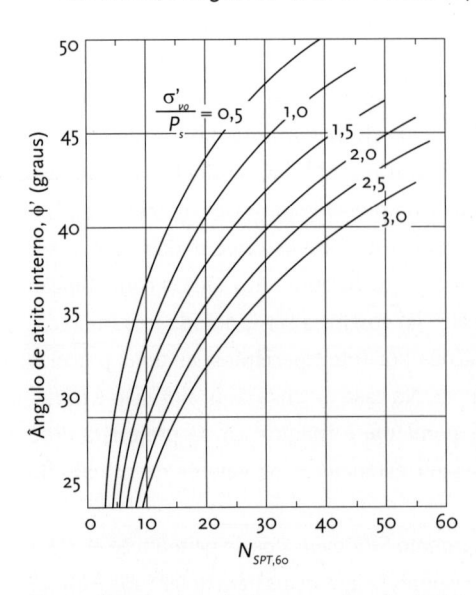

Fig. 4.3 *Ângulos de atrito interno estimados (SPT)*
Fonte: Schmertmann (1975).

Solos finos

Nesse caso, em razão da velocidade de carregamento, as análises são feitas em tensões totais (análise não drenada com parâmetros não drenados) e também podem ser necessárias verificações em tensões efetivas (parâmetros efetivos) para a estabilidade a longo prazo.

Ensaios de laboratório CU devem ser usados para estimar corretamente a resistência drenada a longo prazo de solos finos. Quando a determinação de parâmetros efetivos de resistência não for possível, o ângulo ϕ' pode ser estimado de forma aproximada com base no índice plástico (IP), como apresentado na Fig. 4.5.

4 | Projeto: obtenção de dados e análise

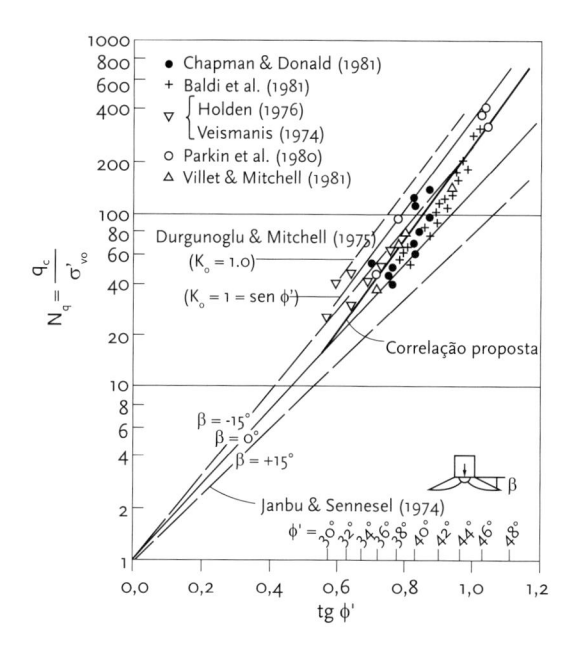

Fig. 4.4 *Ângulos de atrito estimados (CPT)*
Fonte: Robertson e Campanella (1983).

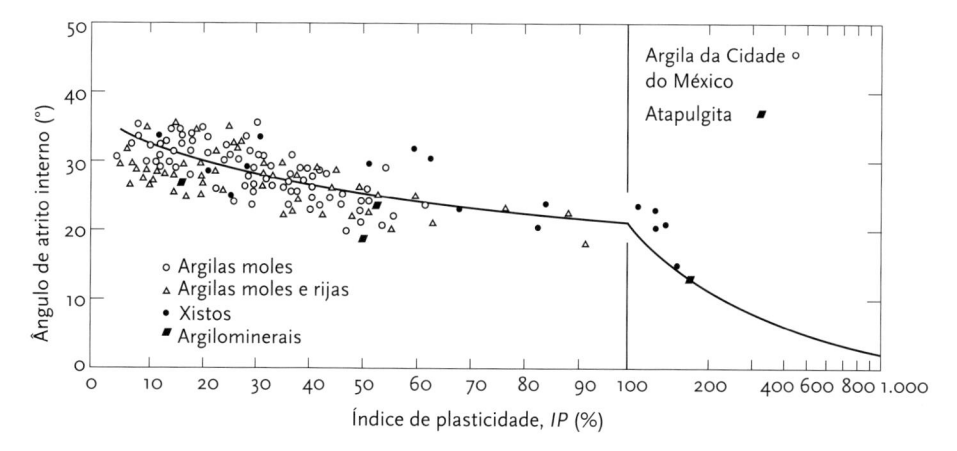

Fig. 4.5 *Valores de ϕ' com base no IP (solos finos)*
Fonte: Terzaghi, Peck e Mesri (1996).

Tipicamente, o ângulo de atrito efetivo encontra-se limitado ao intervalo 18° a 30°, bem como a coesão efetiva $c' < 3$ kN/m², mesmo no caso de argilas pré-adensadas.

Na análise de estabilidade a curto prazo (após o fim da escavação), a resistência não drenada, S_u, pode ser estimada de forma direta mediante ensaios de laboratório em amostras indeformadas ou ensaios de campo de palheta (*vane test*). No caso de ensaios CPT, há a necessidade de estimar o fator de cone (Nk) e a pressão vertical total σ_v na camada argilosa. Tipicamente, o valor de Nk varia entre 10 e 20, mas na prática é possível empregar de forma preliminar um valor $Nk = 15$. Em casos específicos, há a necessidade de calibrar Nk por meio de ensaios de laboratório ou de palheta.

4.4 Efeitos de interface

De acordo com os modelos matemáticos clássicos, há também que considerar os efeitos de interface: o atrito entre parede e solo tende a diminuir as pressões do lado ativo e a aumentá-las do lado passivo. Dessa forma, é preciso incorporar valores realísticos, sob pena de prejudicar a economia ou superestimar a segurança. Assim, uma vez definidos os valores de resistência de pico, as propriedades da interface entre solo e estrutura de contenção devem ser adequadamente estabelecidas considerando que a quantidade de atrito (representada pelo ângulo δ') e a adesão c'_w mobilizadas no contato entre solo e parede dependerão fundamentalmente das seguintes variáveis:

- as propriedades do solo intacto (já que a interface não pode ser mais resistente do que o próprio solo);
- a rugosidade da parede;
- a direção do movimento relativo entre solo e parede;
- a quantidade de deslocamento relativo.

De forma que:

$$0 < \delta' < \phi'$$
$$0 < c'_w < c'$$

As recomendações normativas internacionais sobre valores a adotar não são convergentes, bem como não há banco de dados de valores de registros de tensões cisalhantes nas paredes de obras de contenção real. Dessa forma, e como referência preliminar, podem ser adotados (Clayton et al., 2014):

$$c'_w = 0$$
$$\delta' = \phi'/2 \text{ (lado ativo)}$$
$$\delta' = 2/3\ \phi' \text{ (lado passivo)}$$

4.5 Compressibilidade e deformabilidade

O módulo de Young do solo (E), comumente referenciado como módulo elástico, é uma medida da rigidez do material e é empregado em certos casos para a estimativa de recalques ou em análises de deformação elástica.

4 | Projeto: obtenção de dados e análise

Matematicamente, é definido como a relação entre tensão e deformação ao longo de um eixo, e no caso de solos pode ser estimado com base em ensaios de laboratório ou de campo ou por meio de correlações com outras propriedades de solos.

A aplicação do conceito de elasticidade nos solos deve, no entanto, ser feita com cautela. Ensaios de laboratório com medição de pequenas deformações (10^{-6}) revelam que o comportamento reversível (relação linear entre tensão e deformação) encontra-se restrito a amplitudes de deformação menores que 10^{-5}. No campo de aplicação de engenharia prática de solos (e em se tratando de casos de carregamento estático), a influência de fatores como nível de tensões confinantes, magnitude das tensões cisalhantes desenvolvidas durante o carregamento, índice de vazios, estrutura do solo e história de tensões conduz à não linearidade do comportamento tensão-deformação.

Em laboratório, pode ser obtido de resultados de ensaios triaxiais (tipicamente $E_{50\%}$) ou, de forma indireta, de ensaios oedométricos. Em campo, pode ser estimado com base em sondagens de simples reconhecimento (SPT), ensaio de cone (CPT), ensaios pressiométricos (PMT), de dilatômetro (DMT) ou sísmicos.

Entre os fatores que influenciam o valor de cálculo do módulo de elasticidade, uma figura típica da literatura ilustra a influência da magnitude das tensões cisalhantes (ou, visto sob outro ângulo, das deformações cisalhantes (γ)) geradas pelo carregamento sobre a degradação da rigidez inicial (G_o) do solo (Fig. 4.6).

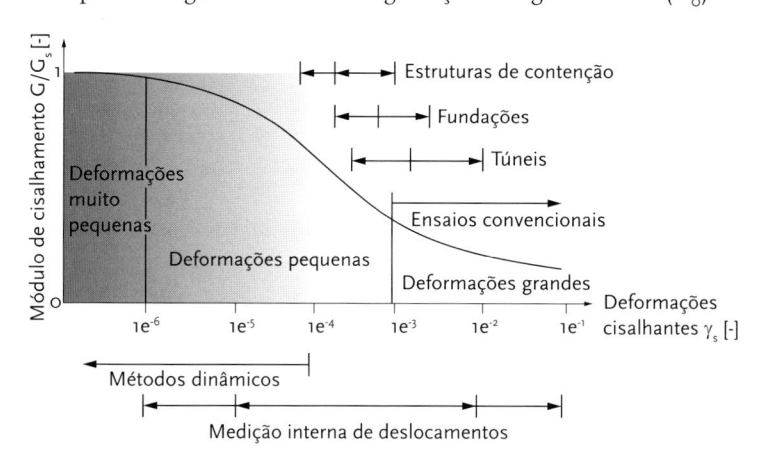

Fig. 4.6
Dependência da rigidez do solo com o nível de deformação cisalhante
Fonte: Atkinson e Sallfors (1991).

A discussão referente à rigidez do solo e ao impacto na interação com a estrutura de contenção constitui um assunto específico a tratar. Ressalta-se, no entanto, que os modelos convencionais de estimativa da rigidez do solo provêm do âmbito das fundações superficiais e que, na falta de medições específicas, é necessário adaptá-los de forma consistente à trajetória de carregamento no solo contido por tais estruturas. No caso de estruturas de contenção, o solo ao redor da parede é descarregado durante o processo de escavação. Assim, a região contida e o fundo da escavação seguem trajetórias de descarregamento, ao passo que o solo atrás da parede é descarregado horizontalmente junto com um aumento das tensões cisalhantes (Vermeer, 1997).

A ampla bibliografia relacionada com o assunto não será discutida aqui, sendo apenas apresentadas algumas ideias relativamente recentes que podem ser úteis, no contexto de aplicações práticas de engenharia, para a seleção do tipo de ensaio a empregar e a escolha dos valores de referência de cálculo da rigidez do solo.

4.5.1 Ensaios SPT

A dependência da rigidez do solo com a estrutura das partículas, a história de tensões e a amplitude de carregamento, entre outros, fazem com que as correlações entre módulo de elasticidade e N_{SPT} (onde o solo é ensaiado a grandes deformações) devam ser usadas com cautela. Inicialmente, na literatura, podem ser encontradas correlações entre N_{SPT} e E ou G para diferentes níveis de deformação e para diferentes tipos de solo.

Em solos finos, as correlações entre o módulo para pequenas deformações e o N_{SPT} foram estudadas por Wroth et al. (1979). Da ampla faixa de dispersão obtida, os autores sugerem adotar:

$$\frac{G_{max}}{P_a} = 120 \cdot N^{0,77}$$

Sendo os limites da faixa de dispersão da correlação:

$$Q_{tn} = \frac{q_t}{P_a} \sqrt{\left[\frac{P_a}{\sigma'_{vo}}\right]}$$

De forma a normalizar os resultados, P_a é a pressão atmosférica. A Fig. 4.7 mostra a proposta.

Considerando solos não coesivos, Kulhawy e Callanan (1985) sugerem estimar o módulo elástico (E_s) com base na Fig. 4.8.

Note-se que na Fig. 4.8 E_s é o módulo secante, sendo necessário adequá-lo ao nível de deformações consistente com o desempenho da estrutura.

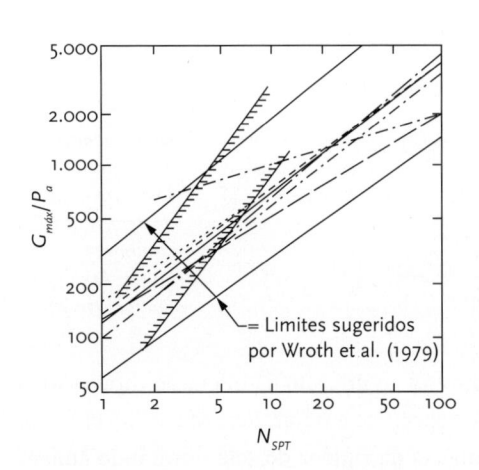

Fig. 4.7 *Módulo de cisalhamento dinâmico vs.* N_{SPT} *para solos finos*
Fonte: Wroth et al. (1979).

4 | Projeto: obtenção de dados e análise

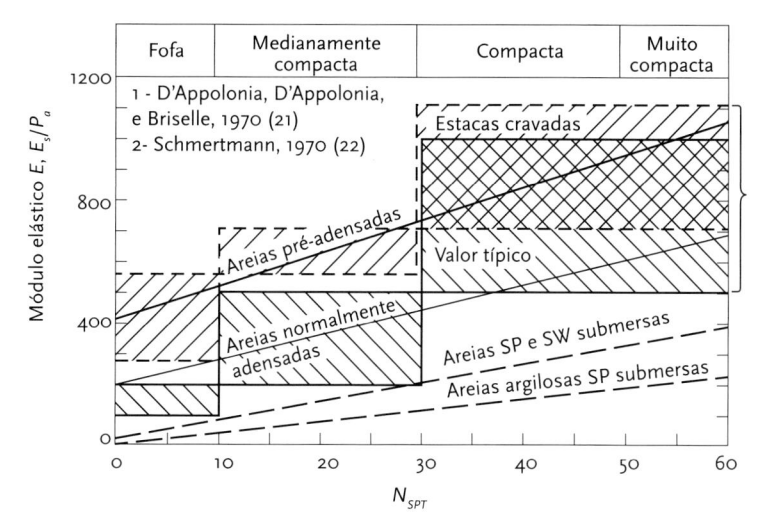

Fig. 4.8 *Módulo elástico (E_s) vs. N_{SPT} para solos não coesivos Fonte: Kulhawy e Callanan (1985).*

A Tab. 4.4 apresenta um resumo geral da faixa de variação de E para diferentes tipos de solos, bem como em função de N_{SPT}.

Tab. 4.4 Propriedades elásticas baseadas no tipo de solo e no valor de N_{SPT}

Tipo de solo	Módulo de Young, E_s (ksf)	Coeficiente de Poisson, ν
Argila mole sensitiva	50-300	0,4-0,5 (não drenado)
Argila média a rija	300-1.000	0,4-0,5 (não drenado)
Argila muito rija	1.000-2.000	0,4-0,5 (não drenado)
Loess (silte vulcânico)	300-1.200	0,1-0,3
Silte	40-400	0,3-0,35
Areia fina fofa	160-240	0,25
Areia fina medianamente compacta	240-400	0,25
Areia fina compacta	400-600	0,25
Areia fofa	200-600	0,20-0,36
Areia medianamente compacta	600-1.000	0,20-0,36
Areia compacta	1.000-1.600	0,30-0,40
Cascalho fofo	600-1.600	0,20-0,35
Cascalho medianamente compacto	1.600-2.000	0,20-0,35
Cascalho compacto	2.000-4.000	0,30-0,40
Tipo de solo	E_s (ksf)	
Siltes, siltes arenosos, misturas levemente coesivas	8 $(N_1)_{60}$	
Areia fina e média sem finos e areias pouco siltosas	14 $(N_1)_{60}$	
Areias grossas e areias com pouco pedregulho	20 $(N_1)_{60}$	
Cascalho arenoso e cascalhos	24 $(N_1)_{60}$	

Fonte: AASHTO (2014).

Para solos tropicais, Schnaid, Lehane e Fahey (2004) propuseram os limites das relações $(G_o/P_a)/N_{60}$ da Fig. 4.9.

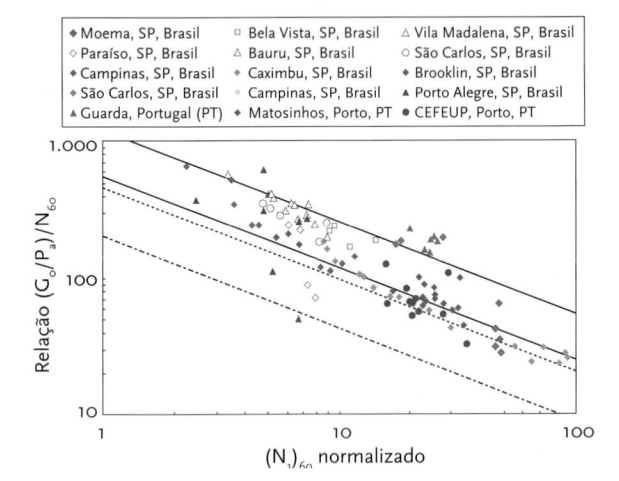

Fig. 4.9 *Módulo de cisalhamento dinâmico vs. $(N_1)_{60}$ para solos tropicais, sendo $(N_1)_{60}$ o valor de N_{SPT} corrigido pela eficiência e pelo nível de tensões efetivo*
Fonte: Schnaid, Lehane e Fahey (2004).

Em se tratando de solos residuais, Sandroni (1991), com base em provas de carga em solos oriundos de gnaisse, propôs os limites da relação $N_{SPT} \times E$, conforme ilustra a Fig. 4.10. De forma simplificada, esse autor sugere estimar $E = 2{,}5 \ N_{SPT}$ (MPa).

A Tab. 4.5 exibe equações empíricas para estimar E_s.

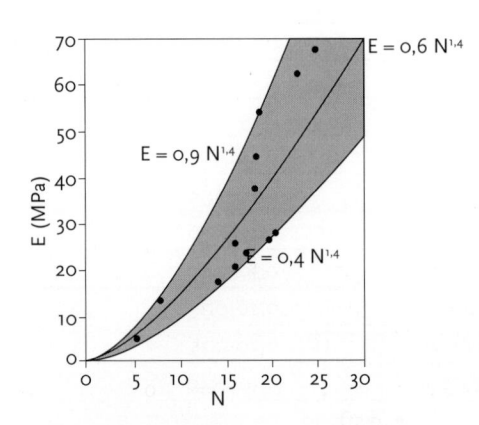

Fig. 4.10 *Relações de E para solos residuais*
Fonte: Sandroni (1991).

4.5.2 Ensaios CPT

Os dados de resistência de ponta (q_c) do ensaio CPT podem ser usados para a estimativa do módulo de Young (E). As correlações baseadas em resultados de ensaios de cone, no entanto, são de aplicabilidade entre moderada a moderada baixa e devem ser usadas com cautela, já que não consideram aspectos tais como história de tensões e mineralogia do solo.

No caso de solos granulares, a Fig. 4.11 apresenta o modelo proposto por Baldi et al. (1989) (baseado em resultados de ensaios em areias limpas não cimentadas). O módulo E foi definido levando em conta uma deformação axial igual a 0,1%, conforme ilustrado na figura.

4 | Projeto: obtenção de dados e análise

Tab. 4.5 Equações empíricas para estimar E_s

Tipo de solo	N_{SPT} (kPa)	CPT (mesma unidade que q_c)
Areia (normalmente adensada)	$E_s = 500 \, (N + 15)$	$E_s = (2 \sim 4) \, q_c$
	$E_s = (15.000 \sim 22.000) \ln N$	
	$E_s = (35.000 \sim 50.000) \log N$	$E_s = (1 + D_r^2) \, q_c$
Areia saturada	$E_s = 250 \, (N + 15)$	
Areia (pré-adensada)	$E_s = 18.000 + 750 \, N$	$E_s = (6 \sim 30) \, q_c$
Areia grossa e material granular	$E_s = 1.200 \, (N + 6)$	
	$E_s = 600 \, (N + 15) \quad N < 15$	
	$E_s = 600 \, (N + 15) + 2.000 \quad N > 15$	
Areia argilosa	$E_s = 320 \, (N + 15)$	$E_s = (3 \sim 6) \, q_c$
Areia siltosa	$E_s = 300 \, (N + 6)$	$E_s = (1 \sim 2) \, q_c$
Argila mole		$E_s = (3 \sim 8) \, q_c$

Nota: N – valor de N_{SPT}; q_c – resistência de ponta em um ensaio CPT; D_r – densidade relativa; 1 kPa = 1 kN/m² = 0,1 t/m².

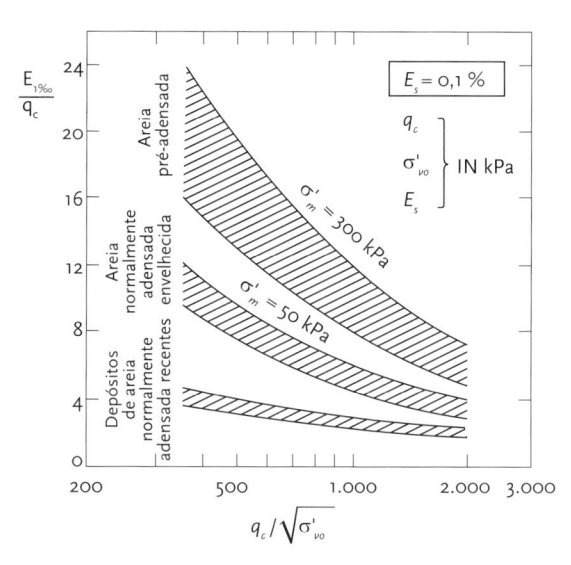

Fonte: Bowles (1997).

Fig. 4.11 Módulo de Young para areias limpas não cimentadas com base em resultados de CPT
Fonte: Baldi et al. (1989).

Mais recentemente, Robertson (2012) atualizou a correlação, conforme ilustrado na Fig. 4.12.

A resistência de cone normalizada (Q_{tn}) e a razão de atrito normalizado (F_r) são calculadas com base nos registros de CPT como:

$$Q_{tn} = \frac{q_t}{P_a} \sqrt{\frac{P_a}{\sigma'_{vo}}}$$

$$F_r = \frac{f_s}{q_c - \sigma_{vo}} \cdot 100\%$$

Finalmente,

$$E' = \alpha E \cdot (q_c - \sigma_{vo})$$

Ou também:

$$E' = K_E P_a \sqrt{\left[\frac{\sigma'_{vo}}{P_a}\right]}$$

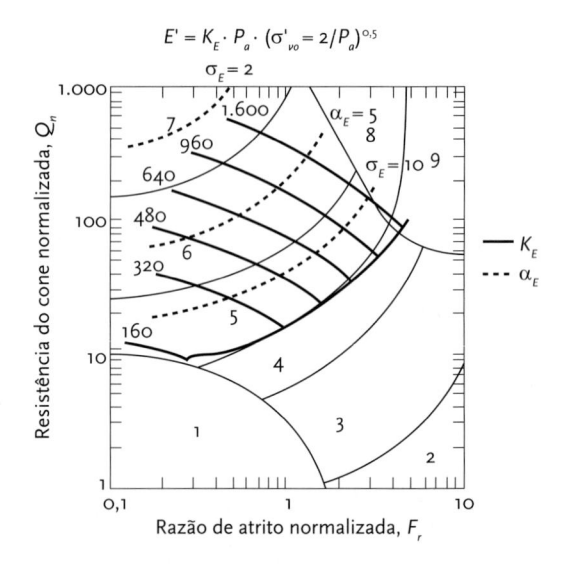

Fig. 4.12 *Módulo de Young para areias limpas não cimentadas com base em resultados de CPT*
Fonte: Robertson (2012).

O autor comenta a possibilidade de ajustar o valor do módulo de acordo com as condições de carregamento. Como estimativa preliminar, em se tratando de solos sedimentares de granulometria intermediária, a correlação do Quadro 4.3 pode ser empregada.

Quadro 4.3 Propriedades elásticas dos solos com base em CPT

Tipo de solo	Módulo elástico E
Solo arenoso	$2\,q_c$ (q_c em ksf)

Fonte: AASHTO (2014).

4.5.3 Ensaios sísmicos

Uma técnica empregada no projeto de fundações superficiais (aplicável a solos granulares sedimentares) é o ensaio sísmico de geração de ondas cisalhantes. O assunto foi discutido por diversos autores e apresentado por Robertson, Lunne e Powell (1997), que mostram a maneira de calcular o módulo de cisalhamento a pequenas deformações (G_o) do solo com base em ensaios de medição de velocidade de ondas cisalhantes. A velocidade das ondas cisalhantes tem a vantagem, segundo

4 | Projeto: obtenção de dados e análise

Robertson, de fornecer uma medida direta da rigidez do solo, sem o uso de correlações empíricas. O empiricismo, no entanto, permanece na forma como se ajusta a degradação da estrutura do solo pelos efeitos do nível de tensões e de amplitude de deformações cisalhantes.

Sucintamente, com base no valor de velocidade medido (V_s), o módulo cisalhante G_o é calculado como $G_o = \gamma/g \, (V_s)^2$. Um fator de degradação ψ, função do nível de carregamento (q/q_{ult}), é então empregado para levar em consideração a quebra da estrutura original do solo.

Assim, o valor de E' pode ser estimado por:

$$E = 2{,}6 \, \psi \, G_o$$

Em que o número 2,6 resulta da simplificação do termo $2(1+\nu)$.

A Fig. 4.13 ilustra a relação entre ψ e o nível de carregamento (q/q_{ult}).

No caso de fundações superficiais, levando em conta um grau de carregamento $q/q_{ult} = 0{,}33$, o valor operacional de E' resulta próximo a G_o. Considerando estruturas de contenção com um grau de deformabilidade que induza distorções semelhantes no solo (*vide* Fig. 4.13), a metodologia pode ser estendida para cálculos preliminares.

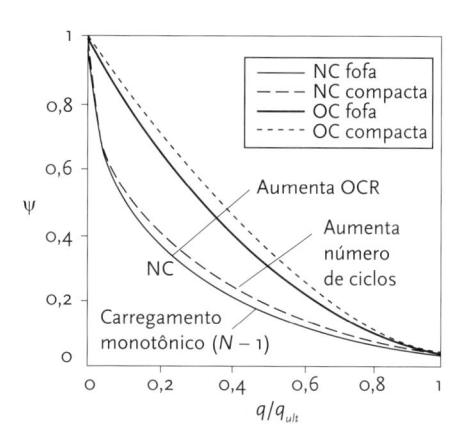

Fig. 4.13 *Valores de ψ (fator de degradação) em função do grau de carregamento* (q/q_{ult})
Fonte: Robertson (2012).

4.5.4 Dilatômetro com medidas de ondas sísmicas cisalhantes

O módulo dilatométrico (E_D) é calculado considerando expansão da membrana da sonda do dilatômetro (s_o) entre as pressões inicial e final (p_o e p_1).

$$E_D = \frac{2 \cdot D \cdot (p_1 - p_o)}{s_o \cdot \pi} \cdot (1 - \nu^2)$$

Levando em conta as dimensões normais da sonda ($D = 60$ mm e $s_o = 1{,}1$ mm), tem-se:

$$E_D = 34{,}7 \, (p_1 - p_o)$$

Embora calculado com a teoria da elasticidade, conforme comenta Schnaid (2009), o valor de E_D representa as propriedades do solo alterado pela inserção da lâmina.

Apenas como indicativo de ordem de grandeza, Lunne, Lacase e Rad (1989) e Hryciw (1990) sugerem, para argilas, a seguinte correlação entre o módulo de cisalhamento a pequenas deformações (G_o) e E_D:

$$G_o = E_D 7{,}5$$

A atual disponibilidade do ensaio de dilatômetro sísmico faz com que esse tipo de correlações seja obsoleto.

4.5.5 Ensaios pressiométricos

O ensaio pressiométrico mede de forma direta o comportamento tensão × deformação do solo, diminuindo assim o grau de empirismo das correlações com parâmetros de rigidez do solo.

Townsend, Anderson e Rahelison (2001) apresentam diretrizes e comentários a respeito do uso de resultados de ensaios de campo como subsídio para a previsão do comportamento de estruturas de contenção por meio do método de elementos finitos.

Genericamente, com base nos resultados do ensaio, é possível obter módulos de elasticidade (E) para diferentes amplitudes de deformação (E_o ou EM, E_{uo} e E_{ro}).

A Fig. 4.14 ilustra a curva típica de um ensaio pressiométrico Ménard.

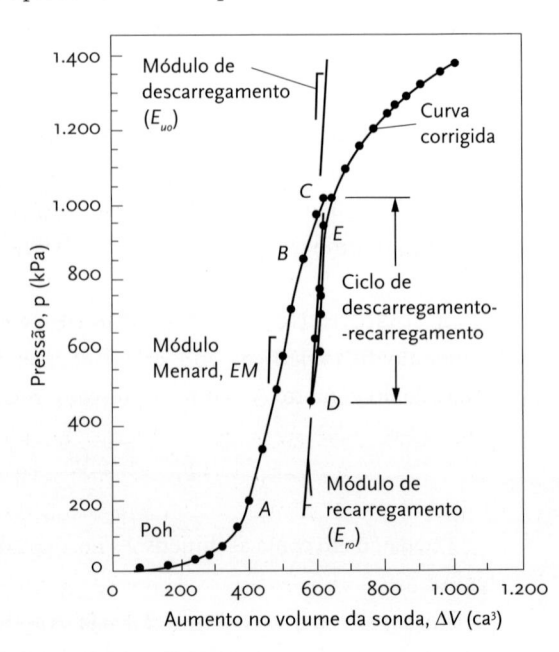

Fig. 4.14 *Curva típica de ensaio pressiométrico Ménard*
Fonte: Baguelin et al. (1978).

Com base nos dados corrigidos pela rigidez do sistema, o valor do módulo Ménard, EM, pode ser calculado como:

4 | Projeto: obtenção de dados e análise

$$EM = 2 \cdot (1+v) \cdot \left(V_c + \frac{V_o + V_f}{2} \right) \cdot \left(\frac{P_f - P_o}{V_f - V_o} \right)$$

em que:
V_c = volume da sonda (origem das abscissas na Fig. 4.14);
V_o = volume injetado até o início do trecho elástico;
V_f = volume injetado até o fim do trecho elástico;
P_o = pressão medida no início do trecho elástico;
P_f = pressão medida no fim do trecho elástico.

Salienta-se que o módulo obtido do trecho de carregamento inicial (entre os pontos A e C) no ensaio pressiométrico Ménard, referenciado na bibliografia como *EM*, é a variável de entrada para formulações semiempíricas na prática francesa.

Com base nos ciclos de descarregamento e recarregamento, é possível obter o valor dos módulos E_{uo} e E_{ro} mais próximos do comportamento elástico do material.

Na simulação de contenções compostas de estacas-prancha, Anderson, Townsend e Grajales (2003) empregaram dois modelos constitutivos: Mohr-Coulomb (um único valor de *E* independente da trajetória de carregamento) e *hardening soil* (que, além de levar em consideração os efeitos do nível de pressões confinantes, também calcula valores de *E* diferentes para carregamento primário e para descarregamento).

Quando do emprego do modelo Mohr-Coulomb, os autores recomendam o uso da porção linear de descarregamento-recarregamento (E_{ur}) como base para a adoção do módulo *E*. Já para o caso do modelo *hardening soil*, recomendam adotar aquele valor para o módulo de referência de carregamento primário (E_{50}^{ref}).

4.5.6 Módulo com base em definições de modelos constitutivos clássicos

Entre os modelos clássicos desenvolvidos na época do início da técnica do MEF como ferramenta de cálculo, destaca-se, pela sua simplicidade, o de Duncan e Chang (1970). Embora seja um modelo elástico (no qual a não linearidade do comportamento tensão × deformação provém da variação de *E* com o nível de tensões cisalhantes), a sua definição de parâmetros de entrada fornece valores de referência para a estimativa do módulo tangente inicial (E_i) da curva tensão × deformação. Na definição, explicitamente leva em consideração o efeito da tensão de confinamento.

Ao tratar da simulação numérica de uma escavação que atravessa camadas sedimentares, Mendes do Vale (2002) emprega esse recurso para a estimativa de parâmetros de rigidez.

$$E_i = K \cdot P_a \cdot \left(\frac{\sigma'_3}{P_a}\right)^n$$

em que:

σ'_3 = tensão efetiva principal menor;
P_a = pressão atmosférica
K e n = coeficientes do modelo de Duncan e Chang (1970).

Kulhawy e Mayne (1990) sugerem os valores de referência de K e n para solos granulares indicados na Tab. 4.6.

Tab. 4.6 Valores de K e n para solos granulares

Classificação unificada de solos	K	n
Pedregulho bem graduado	300 a 1.200	1/3
Pedregulho mal graduado	500 a 1.800	1/3
Areia bem graduada	300 a 1.200	1/2
Areia mal graduada	300 a 1.200	1/2
Siltes de baixa compressibilidade	300 a 1.200	2/3

Fonte: Kulhawy e Mayne (1990).

No caso de solos argilosos, eles sugerem a expressão a seguir:

$$E_i = K \cdot P_a \cdot \left(\frac{\sigma'_c}{P_a}\right)^n$$

Note-se que σ'_c é a tensão isotrópica de confinamento.

Os valores de K e n para solos argilosos são apresentados na Tab. 4.7.

Tab. 4.7 Valores de K e n para solos argilosos

Classificação unificada de solos	K	n
Argilas de baixa compressibilidade	100 a 200	1
Argilas de alta compressibilidade	100 a 300	1

4.6 Uso de métodos numéricos

Para a utilização de elementos finitos, é preciso escolher o modelo constitutivo mais adequado ao problema, elástico ou elastoplástico, além de adotar valores representativos para propriedades de resistência (ângulo de atrito, coesão – ou resistência não drenada), bem como de deformabilidade.

A estimativa de propriedades de resistência com base em ensaios de campo ou laboratório e a escolha dos modelos constitutivos (Mohr-Coulomb, *hardening soil*

4 | Projeto: obtenção de dados e análise

model etc.) são discutidas por diversos autores (Townsend; Anderson; Rahelison, 2001; Vermeer, 1997).

Os desvios entre hipóteses de comportamento dos modelos de empuxo (ou pressões) clássicos e resultados retroanalisados de medições em estruturas instrumentadas podem ser então explicados quando os efeitos das rigidezes relativas estrutura/solo e a sequência construtiva real são levados em consideração.

Para ilustrar os efeitos da rigidez na resposta deformação-solicitação, Vermeer (2001), membro do comitê científico do *software* PLAXIS, elaborou um caso ideal de contenção. O intuito do exemplo somente é mostrar conceitualmente a influência da rigidez do conjunto solo-estrutura nas previsões de deslocamento e solicitações e compará-las com os modelos teóricos clássicos.

Nessa linha de raciocínio, foi simulado o caso ideal de uma escavação em solo sem presença de nível freático até o fundo, na seguinte sequência construtiva:

- instalação da parede;
- escavação até 3 m de profundidade;
- instalação da linha de escoras;
- escavação até 9 m de profundidade.

O modelo elástico perfeitamente plástico de Mohr-Coulomb foi empregado na simulação numérica. No modelo, os mesmos valores de coesão e ângulo de atrito foram adotados nos quatro casos. A Fig. 4.15 ilustra o modelo numérico analisado.

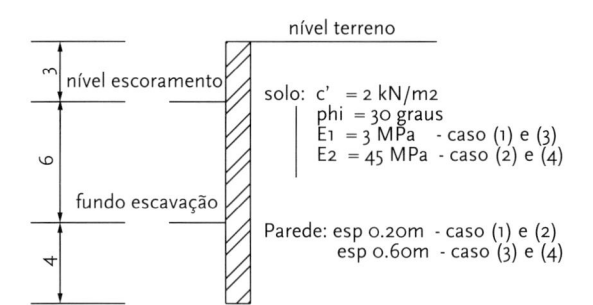

Fig. 4.15 *Modelo numérico analisado*

A Tab. 4.8 resume as combinações de rigidez empregadas.

Tab. 4.8 Propriedades mecânicas do modelo

Caso	Espessura parede (m)	Módulo de Young – solo (MPa)
1	0,20	3
2	0,20	45
3	0,60	3
4	0,60	45

As Figs. 4.16 a 4.18 apresentam os resultados obtidos para deslocamentos, momentos fletores e pressões horizontais na parede.

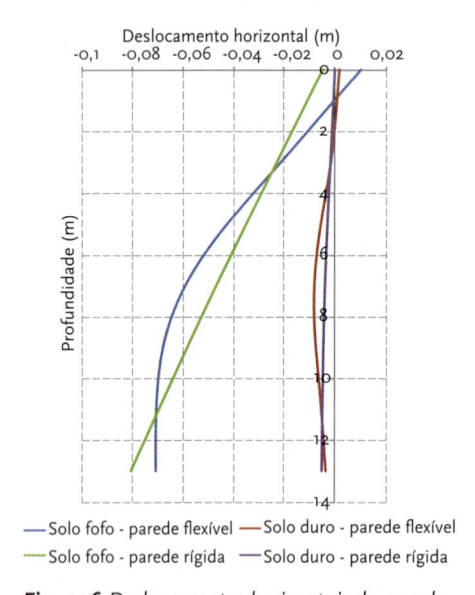

Fig. 4.16 *Deslocamentos horizontais da parede*

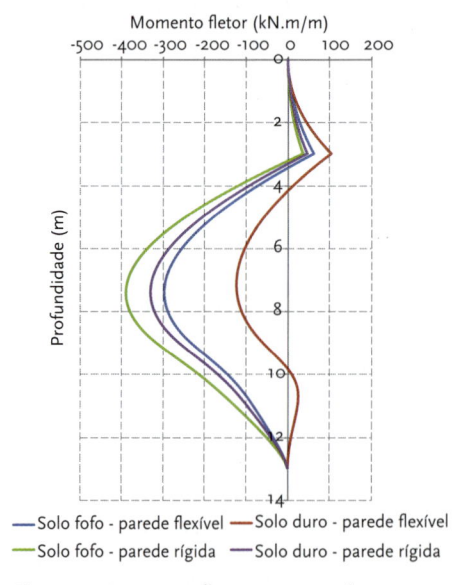

Fig. 4.17 *Momentos fletores na parede*

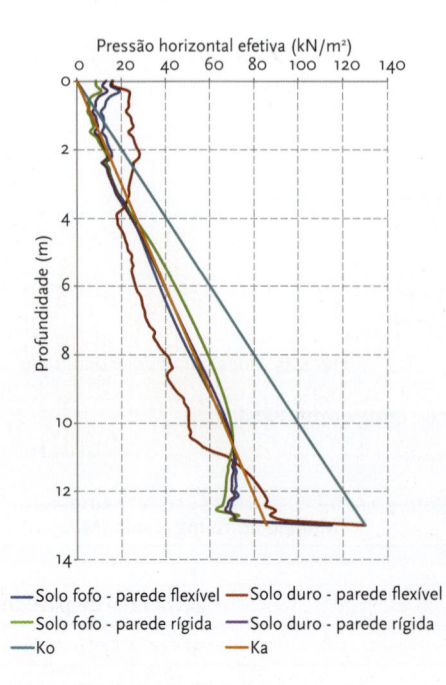

Fig. 4.18 *Pressões horizontais na parede*

4.6.1 Comentários

Os efeitos da rigidez do solo sobre as solicitações da parede são notáveis no caso de solo duro-parede flexível: o diagrama de pressões de terra se reduz significativamente, com valores inferiores aos do diagrama clássico de empuxos ativos. Os efeitos do arqueamento entre o nível de escora e da região passiva são significativos.

Nesse aspecto, o método de elementos finitos, quando comparado com os métodos de reação de subleito, permite estimativas mais consistentes, já que considera os efeitos de arqueamento atrás de estruturas flexíveis.

As Figs. 4.19 a 4.22 mostram conceitualmente o grau de plastificação do solo decorrente das deformações.

4 | Projeto: obtenção de dados e análise

No caso solo duro-parede rígida (Fig. 4.22), o diagrama de pressões sobre a parede segue o diagrama clássico de pressões ativas, da mesma forma que no caso solo fofo-parede flexível.

No caso solo fofo-parede rígida (Fig. 4.20), aparentemente a deformabilidade da parede não permite a redução do estado de pressões horizontais até chegar ao diagrama clássico de pressões ativas. Em decorrência disso, os momentos fletores na parede são superiores em comparação aos outros casos analisados.

Finalmente, essas figuras apresentam a mobilização de resistência ao cisalhamento na massa do solo para cada combinação de rigidez. Maiores deformações implicitamente estão associadas a maiores mobilizações da resistência ao cisalhamento e, consequentemente, a uma maior proximidade do modelo clássico.

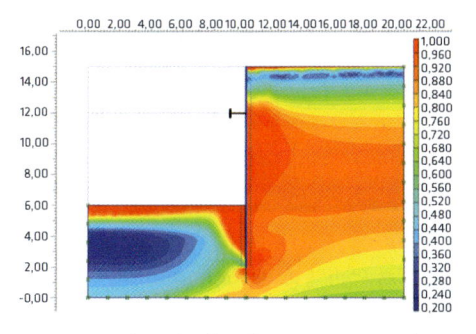

Fig. 4.19 *Padrão de plastificação no caso solo fofo-parede flexível*

Fig. 4.20 *Padrão de plastificação no caso solo fofo-parede rígida*

Fig. 4.21 *Padrão de plastificação no caso solo duro-parede flexível*

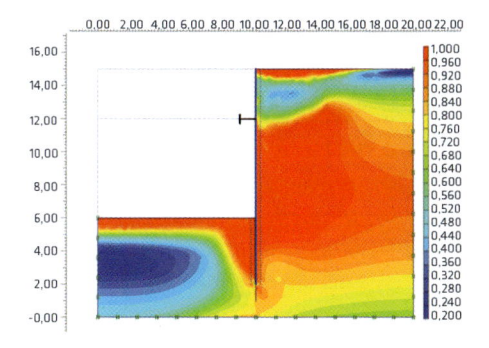

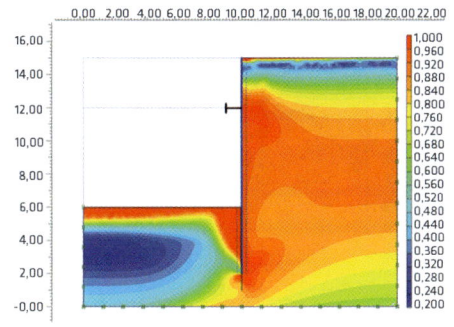

Fig. 4.22 *Padrão de plastificação no caso solo duro-parede rígida*

A localização dos escoramentos e a sua influência nos deslocamentos da parede e do solo adjacente são também um assunto de relevante interesse. As Figs. 4.23 a 4.27 apresentam outro modelo numérico que serve como base de referência.

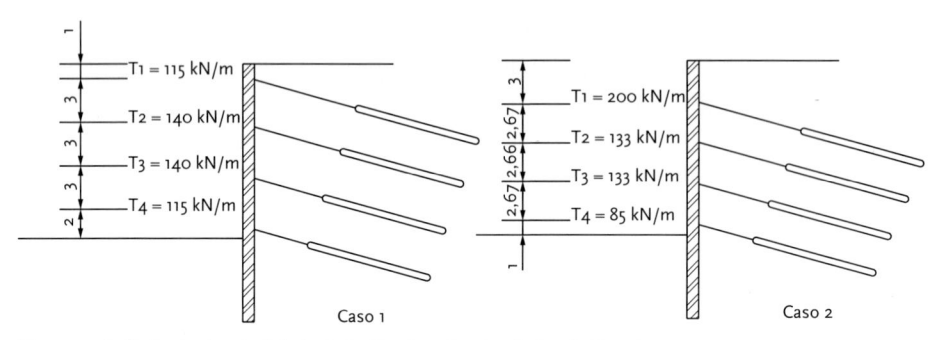

Fig. 4.23 Influência do nível de instalação da primeira linha de tirantes

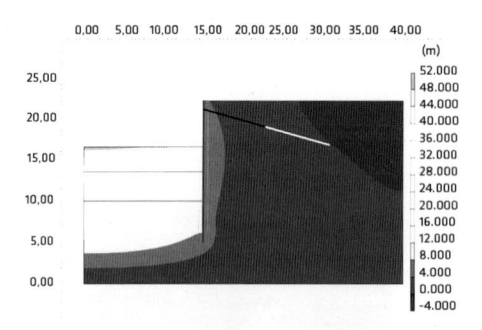

Fig. 4.24 Padrão de deslocamentos verticais (caso 1)

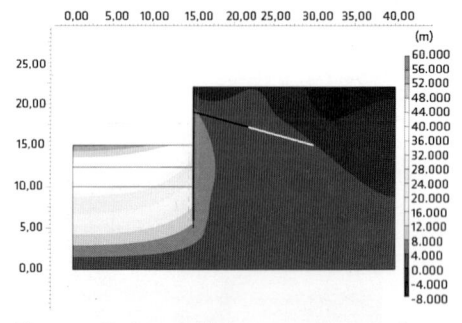

Fig. 4.25 Padrão de deslocamentos verticais (caso 2)

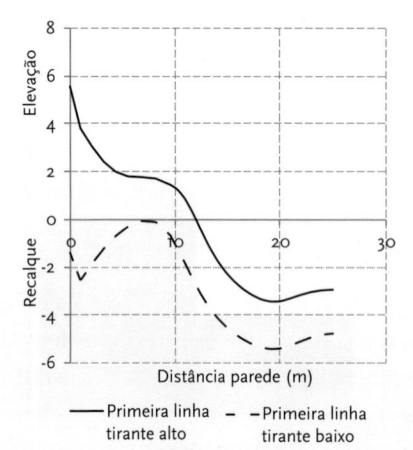

Fig. 4.26 Deslocamentos verticais no solo adjacente à escavação

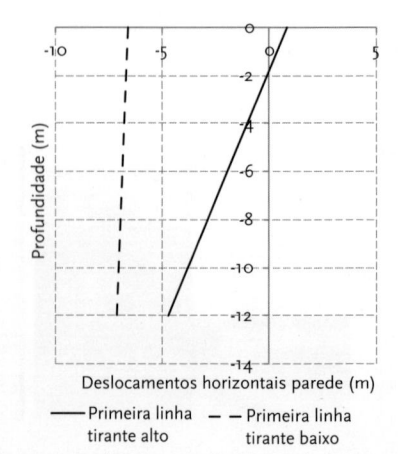

Fig. 4.27 Deslocamentos horizontais da parede

Nota-se nitidamente a influência do alívio de tensões e os efeitos nos recalques no solo adjacente à escavação. Estruturas vizinhas à parede e instalações enterradas deverão ser analisadas cuidadosamente na etapa de projeto para definir a posição dos suportes da parede a fim de minimizar os deslocamentos.

4 | Projeto: obtenção de dados e análise

As Figs. 4.28 e 4.29 apresentam a relação entre a deformação da parede e travamentos de grande e pouca rigidez, respectivamente (Ou, 2006).

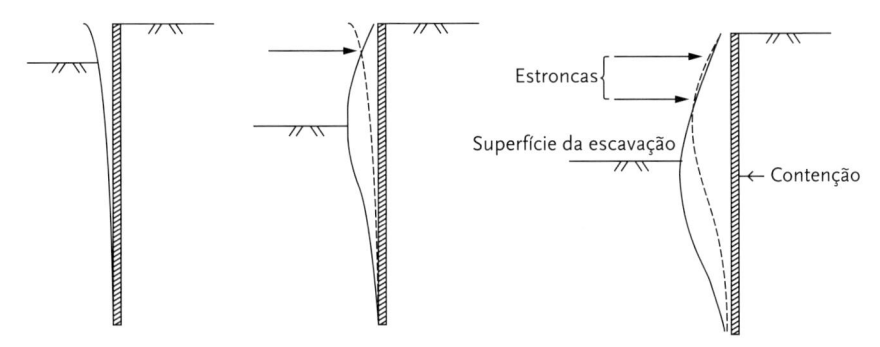

Fig. 4.28 *Relação entre a deformação da parede e travamentos de grande rigidez: (A) primeiro estágio de escavação; (B) segundo estágio de deformação; (C) terceiro estágio de escavação*

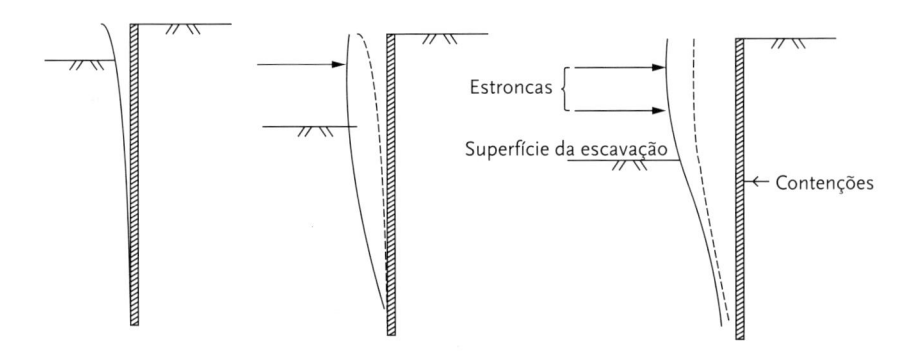

Fig. 4.29 *Relação entre a deformação da parede e travamentos de pouca rigidez: (A) primeiro estágio de escavação; (B) segundo estágio de deformação; (C) terceiro estágio de escavação*

4.7 Valores típicos de propriedades

As Tabs. 4.9 e 4.10 apresentam valores típicos do módulo de Young para materiais granulares e coesivos, respectivamente. Por sua vez, a Tab. 4.11 exibe ordens de grandeza do coeficiente de Poisson e do módulo de Young para diversos materiais.

Tab. 4.9 Valores típicos do módulo de Young para materiais granulares (MPa)

Descrição	Fofo	Medianamente compacto	Compacto
Cascalho/areia bem graduada	30-80	80-160	160-320
Areia uniforme	10-30	30-50	50-80
Areia/silte	7-12	12-20	20-30

Fonte: baseado em Obrzud e Truty (2012), compilado de Kezdi (1974) e Prat et al. (1995).

Tab. 4.10 Valores típicos do módulo de Young para materiais coesivos, E_u (MPa) – consistência característica das faixas

Descrição	Muito mole a mole	Média	Rija a muito rija	Dura
Siltes com plasticidade leve	2,5-8	10-15	15-40	40-80
Siltes com plasticidade baixa	1,5-6	6-10	10-30	30-60
Argilas com plasticidade baixa a média	0,5-5	5-8	8-30	30-70
Argilas com plasticidade alta	0,35-4	4-7	7-20	20-32
Siltes orgânicos	-	0,5-5	-	-
Argilas orgânicas	-	0,5-4	-	-

Fonte: baseado em Obrzud e Truty (2012), compilado de Kezdi (1974) e Prat et al. (1995).

Tab. 4.11 Ordens de grandeza

Material		Coeficiente de Poisson
Argila saturada		0,4 a 0,5
Argila insaturada		0,1 a 0,3
Argila arenosa		0,2 a 0,3
Silte		0,3 a 0,35
Areia, areia com cascalho		0,1 a 1,0 (não elástico, mas 0,3 a 0,4 comumente usados)
sem coesão, média a densa		0,3 a 0,4
sem coesão, fofa a média		0,2 a 0,35
Rocha		0,1 a 0,3
Loess		0,1 a 0,3
Material		**Módulo de Young (MPa)**
Argila	Muito mole	2 a 15
	Mole	5 a 25
	Medianamente rija	15 a 50
	Dura	50 a 100
	Arenosa	25 a 250
Areia	Siltosa	5 a 20
	Fofa	10 a 25
	Compacta	50 a 81
Areia e cascalho	Fofo	50 a 150
	Compacto	100 a 200
Silte		2 a 20

Fonte: dados de Bowles (1997).

4 | Projeto: obtenção de dados e análise

4.8 Escavações em solos moles

4.8.1 Escavações em solos moles

Projetar e executar escavações profundas em solos moles constitui enorme e complexo desafio; trata-se de caso especial. Existe uma enorme possibilidade de resultar em significativas deformações, afetando a vizinhança. Pela natureza especial do problema, ele constitui situação específica a ser abordada de forma independente, especialmente quanto à obtenção das solicitações sobre a contenção e segurança quanto à ruptura da base. Nesses casos, ensaios SPT servem somente para a identificação da natureza dos materiais, sendo obrigatória a execução de ensaios especiais para a determinação das propriedades dos materiais a serem utilizadas no cálculo (ver seção "Solos finos", p. 54).

4.8.2 Empuxo aparente

A questão da identificação de mecanismos de ruptura de base conta com duas abordagens clássicas:

- de Terzaghi (1943), com base na condição de equilíbrio-limite teórico;
- de Bjerrum e Eide (1956), calibrada por retroanálises de rupturas observadas na Noruega.

A Fig. 4.30 identifica os dois mecanismos.

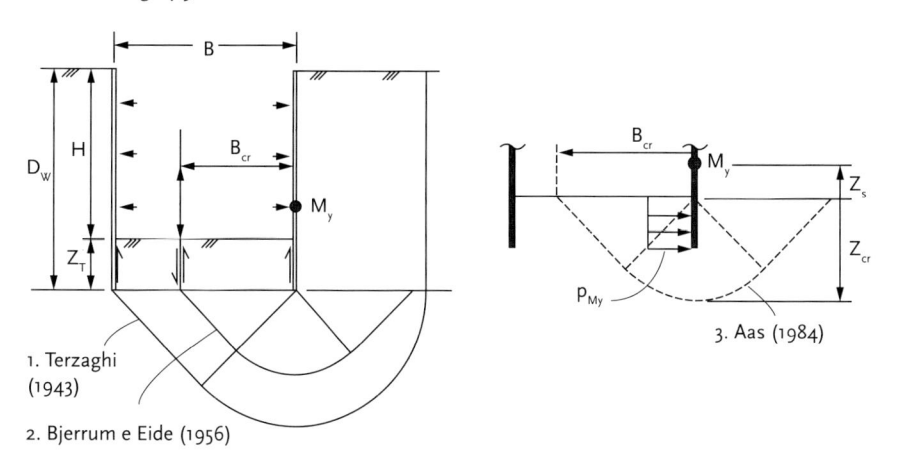

Fig. 4.30 *Diferentes mecanismos de ruptura de fundo de escavações em argilas moles*
Fonte: Karlsrud e Andresen (2007).

Vários autores estudaram as duas abordagens, tanto na retroanálise de casos reais quanto utilizando métodos numéricos (MEF): Chang (2000) mostrou diferenças significativas entre os dois métodos, de até 35% para escavações com maior largura e de aproximadamente 10% para escavações estreitas (valas).

Medidas para limitar deslocamentos e aumentar a estabilidade de escavações em solos moles são, segundo Karlsrud e Andresen (2007):

- *execução de escavação abaixo do nível d'água e concretagem de laje de subpressão*: nesse tipo de solução, é feita escavação a seco até uma profundidade segura, a partir da qual a escavação prossegue abaixo do nível d'água, com a concretagem da laje de subpressão, que na condição de não haver mais água na escavação apresenta segurança (pelo peso próprio, por ancoragem profunda com tirantes ou por vinculação com as paredes);
- *uso de contenções profundas de grande rigidez*: com a disponibilização de estacas-prancha metálicas pesadas e sua cravabilidade assegurada pelos equipamentos disponíveis, é possível atingir com esses elementos as profundidades nas quais se obtém a segurança;
- *uso do conceito de elementos tipo* cross-wall: proposição de Eide, Aas e Josang (1972), de utilização de elementos de parede diafragma perpendiculares à contenção, abaixo do nível da escavação, reduzindo deslocamentos e melhorando a segurança quanto à ruptura de fundo;
- *melhoria do solo por processo de* deep mixing: uso de processos de melhoria aplicáveis a argilas moles, tanto aqueles a seco (*mechanical dry*) quanto os com uso de água (*wet mixing*). Detalhes podem ser encontrados nas referências Terashi e Juran (2000) e Terashi (2003).

A Fig. 4.31 exibe a disposição típica de colunas de cal-cimento utilizadas para escavações em argilas moles.

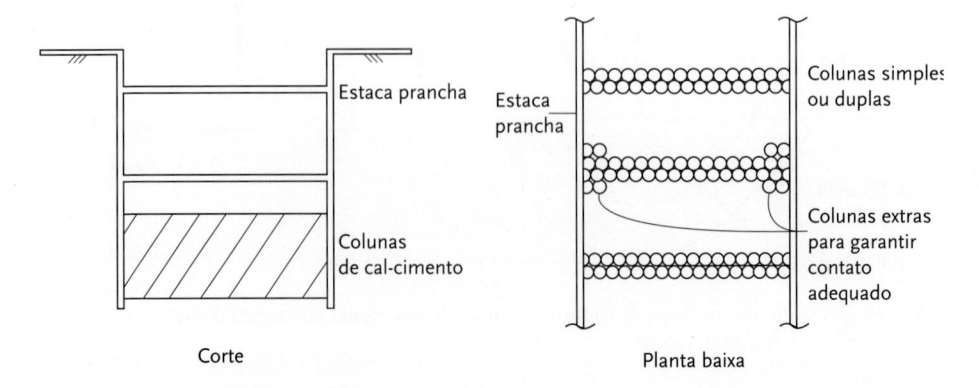

Fig. 4.31 *Disposição típica de colunas de cal-cimento utilizadas para escavações em argilas moles* Fonte: Karlsrud (1997).

As recomendações de Matos Fernandes (2015) para controlar os movimentos provocados por escavações profundas em camadas espessas de solos moles são as seguintes:
- usar parede com grande rigidez;
- colocar a primeira linha de escoras o mais alto possível;
- detalhar cuidadosamente a vinculação entre escoras e a parede;
- usar parede impermeável;
- usar tratamento prévio abaixo da cota de escavação (injeções ou painéis ligando os lados opostos);
- vincular o pé da parede em material rochoso, quando presente no perfil;
- pré-carregar as escoras;
- limitar as escavações a um mínimo em cada estágio.

4.8.3 Causas típicas de rupturas em escavações em solos moles

Entre as causas mais frequentes de acidentes em escavações em solos moles, pode-se listar as seguintes:
- ausência de programa de investigação adequado que revele a verdadeira condição de propriedades dos materiais e sua variabilidade (é um permanente desafio profissional mostrar aos clientes a importância da caracterização dos solos);
- uso de métodos de projeto não adequados ao problema específico (tipicamente referente ao comportamento do solo e/ou do escoramento);
- falta de detalhamento e especificações adequadas;
- erros no processo construtivo, tais como escavações em excesso em comparação ao projetado (níveis e bermas internas).

5 Projeto

Apresentam-se a seguir as etapas e considerações sobre a elaboração do projeto propriamente dito.

5.1 Reações no escoramento — sequência construtiva

Para a determinação das reações no escoramento, a sequência construtiva deve ser simulada passo a passo. Normalmente, os carregamentos máximos em algumas escoras ou tirantes podem ocorrer na condição intermediária de implantação, em que as condições de geometria de escavação e atuação das reações sejam simuladas de acordo com o especificado em projeto.

Podem ser utilizados modelos de empuxos de solo simplificados oriundos de proposições tais como as de Terzaghi e Peck (1967), Peck (1969) e Tschebotarioff (1973), ou a da Fig. 5.1 (CIRIA, 2003), para a condição final, com as sobrecargas dos prédios vizinhos eventuais e do equipamento pesado com previsão de uso durante a obra.

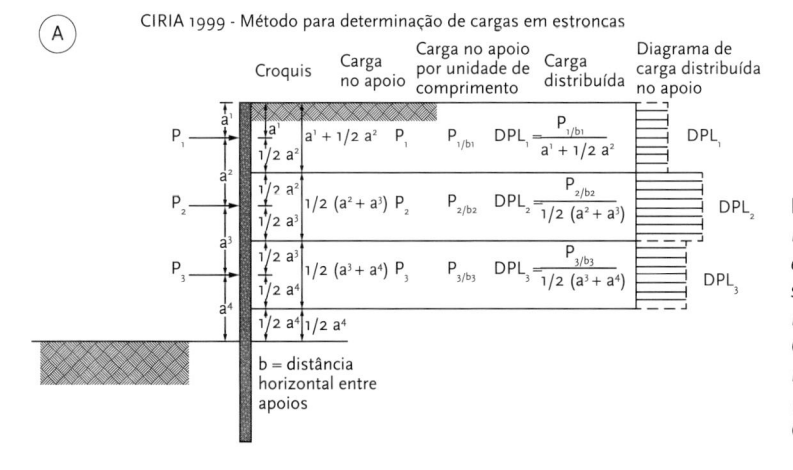

Fig. 5.1 Modelos de empuxos de solo simplificados: (A) Recomendações CIRIA 1999; Fonte: (A) CIRIA (1999) e (B) CIRIA (2003).

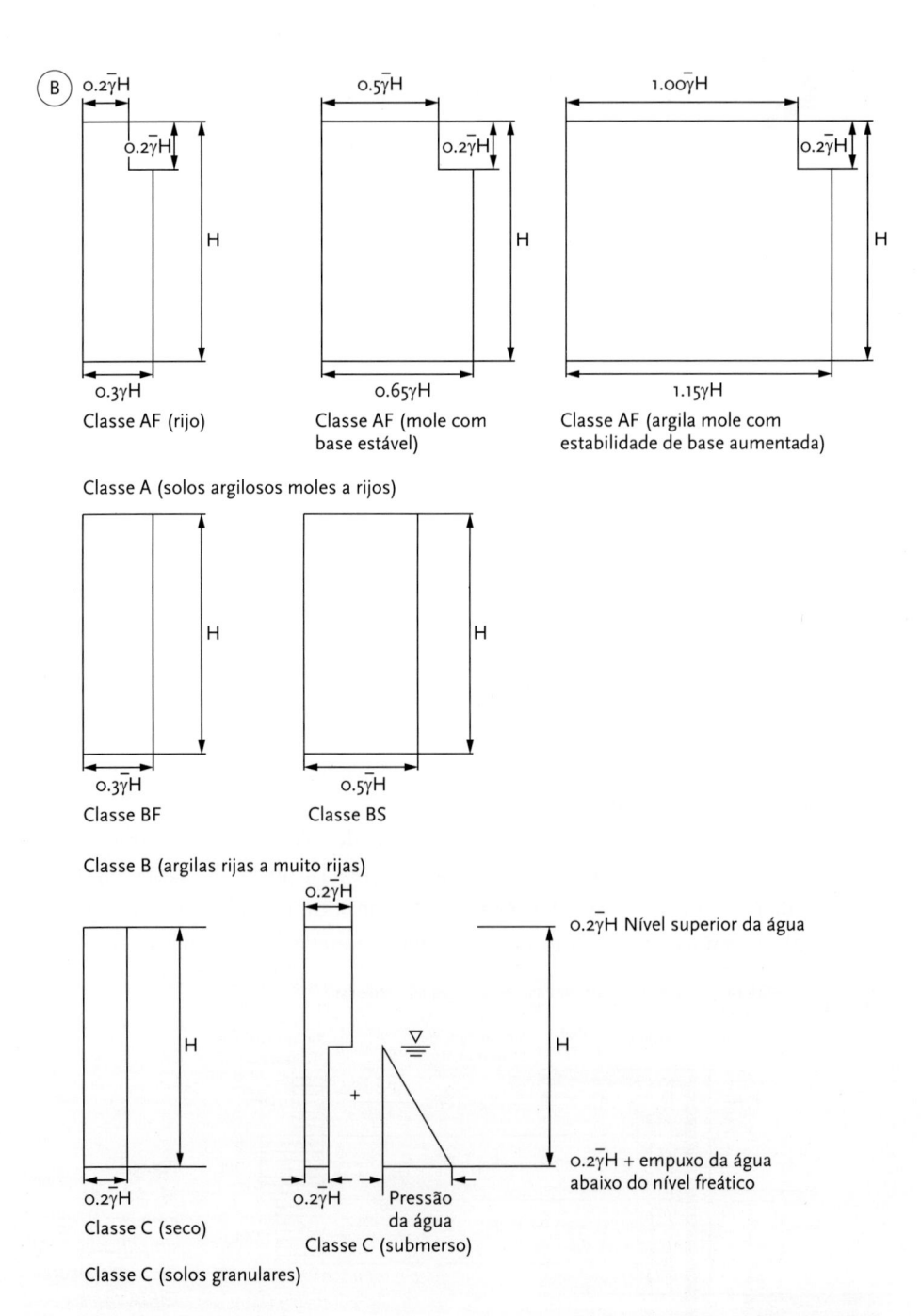

Fig. 5.1 *Modelos de empuxos de solo simplificados: (B) Diagramas de carregamentos característicos para as classes de solos A, B e C*
Fonte: (A) CIRIA (1999) e (B) CIRIA (2003).

5 | Projeto

A Fig. 5.2 apresenta diagramas de empuxo de projeto para diferentes solos considerando escavações estroncadas/atirantadas.

(A) Distribuição de pressões
Areias
$K_a = tg^2(45 - \phi'/2)$
$= (1 - sen\,\phi)/(1 + sen\,\phi)$
Adicionar pressão hidrostática onde a água estiver acima da base da escavação

Carga total
P_t = Trapezoidal = $0{,}65\,K_a\gamma\,H^2$
P_a = Rankine = $0{,}50\,K_a\gamma\,H^2$
$P_t/P_a = 1{,}30$

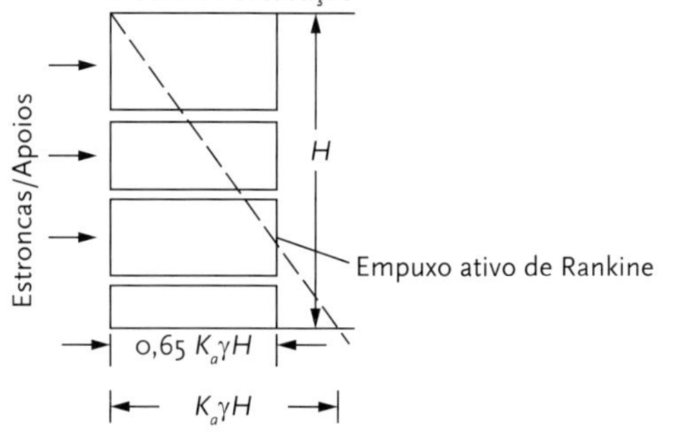

(B) Argila mole a média* ($N > 5 - 6$)
$K_a = 1 - m(4c_u/\gamma\,H) = 1 - (4/N)$
$m = 1{,}0$ exceto quando a escavação está acima de depósito de argila mole normalmente adensada, então $m = 0{,}4$

$m = 1{,}0$
$P_t = 0{,}875\gamma\,H^2\,(1 - (4/N))$
$P_a = 0{,}50\gamma\,H^2\,(1 - (4/N))$
$P_t/P_a = 1{,}75$

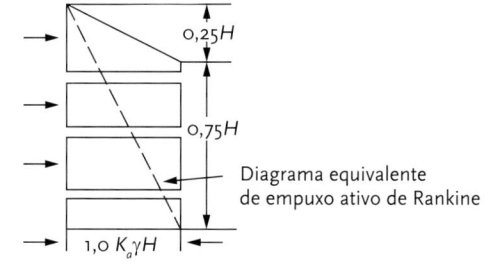

(C) Argilas duras*
Para $N < 4$ (para $4 < N < 6$, usar o maior diagrama entre (B) e (C))

$P_t = 0{,}15\gamma\,H^2$ to $0{,}30\gamma\,H^2$
$P_a/N = 4,\ P_a = 0$
$N < 6,\ P_a < 0$.
Nota: diagrama equivalente de empuxo ativo de Rankine = 0

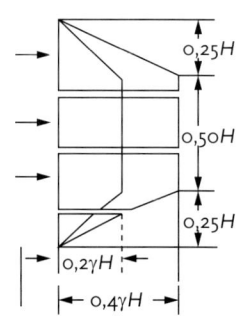

*Para argilas, basear a escolha em $N = \gamma\,H/c_u$.

Fig. 5.2 *Diagramas de empuxo de projeto para diferentes solos considerando escavações estroncadas/atirantadas: (A) areias; (B) argilas moles a médias; (C) argilas duras*
Fonte: Clayton, Milititsky e Woods (1993).

O Quadro 5.1 apresenta a classificação do tipo de solo. As classes exibidas nesse quadro são subdivididas de acordo com a rigidez do muro, ou seja, com a flexibilidade (F) e a rigidez (S) do muro. Muros flexíveis de contenção de solos argilosos (classe AF) têm sido subdivididos de acordo com as condições de estabilidade da base. Solos classe C são subdivididos em secos e submersos.

Quadro 5.1 CLASSIFICAÇÃO DO TIPO DE SOLO

Classe do solo	Descrição
A	Solos argilosos normalmente e levemente sobreadensados (argilas moles a rijas)
B	Solos argilosos fortemente sobreadensados (argilas rijas a muito rijas)
C	Solos com grãos granulares
D	Solos mistos (muros retendo solos com grãos finos e granulares)

Para sistemas de escoramento com tirantes, Sabatini, Pass e Bachus (1999) propõem diagramas modificados, com base nas proposições de Terzaghi e Peck (1967), como mostrado na Fig. 5.3. Sobrecargas e pressão de água devem ser adicionadas nos casos de solos granulares.

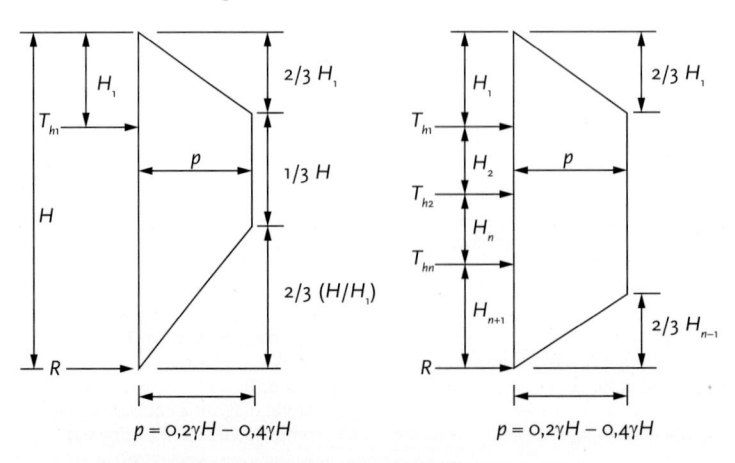

$p = 0{,}2\gamma H - 0{,}4\gamma H$ $p = 0{,}2\gamma H - 0{,}4\gamma H$

H_1 = distância do topo do terreno até o tirante
H_{n+1} = distância da base da escavação até o tirante mais inferior
T_{hi} = carga horizontal no tirante i
R = força a ser resistida pelo terreno (abaixo da escavação)
p = ordenada máxima do diagrama

Carregamento total (kN por metro de parede) = $3H^2$ a $6H^2$ (H em metros)

Fig. 5.3 *Distribuição de empuxos aparentes recomendada para estruturas de contenção temporárias para argilas duras a rijas, com presença de tirantes: (A) paredes com um nível de tirantes; (B) paredes com múltiplos níveis de tirantes*
Fonte: Sabatini, Pass e Bachus (1999).

É importante ressaltar que cada modelo de cálculo fornece um valor diferente, conforme indicado na Fig. 5.4, na qual é feita a comparação entre os valores previstos e medidos em uma escavação de aproximadamente 18 m com cinco níveis de escoramento.

Métodos utilizando modelos numéricos são ferramentas valiosas para a simulação de posições diferentes do escoramento, lembrando sempre que a primeira escora (nível superior) deve ser colocada na posição mais próxima do topo da escavação para limitar deslocamentos da parede.

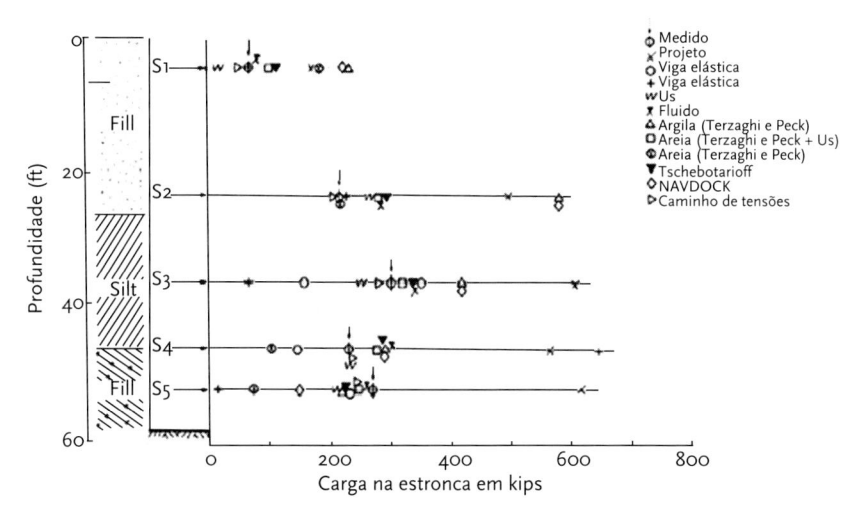

Fig. 5.4 *Carga nas estroncas em escavação monitorada. Comparação entre os valores previstos e medidos*
Fonte: Clayton, Milititsky e Woods (1993).

5.2 Dimensionamento da parede considerando etapas construtivas e na condição final de apoio na estrutura

O dimensionamento da parede, seja diafragma, seja de estacas secantes, seja de perfis prancheados ou outro sistema, deve considerar cada etapa da implantação. Cada nível de escavação, cada implantação de escoramento ou tirantes, com a geometria detalhada de escavação e as ações decorrentes dessa condição (empuxos de solo, água e sobrecarga da vizinhança), deve ser calculada, e o dimensionamento final será aquele que cobrir a envoltória de solicitações em todas as situações verificadas.

A condição final de apoio na estrutura deve ser objeto de verificação por parte do projetista estrutural, pelas solicitações que serão transferidas para a estrutura quando da desativação dos escoramentos ou tirantes. A presença de juntas na estrutura deve ser levada em consideração. Usualmente, a rigidez da estrutura no plano horizontal é suficiente para a transmissão dos empuxos que se contrapõem, mas deverá ser verificada caso a caso.

Cuidado especial deve ser tomado quando ocorre assimetria de escavação, ou seja, quando um dos lados da contenção é significativamente diferente daquele oposto, provocando um desequilíbrio (Fig. 5.5). Nesses casos, a estrutura da edificação ficará submetida a solicitações assimétricas e deverá ser convenientemente dimensionada, ou, alternativamente, deverão ser providos tirantes permanentes quando possível.

Um caso especial, cada vez mais presente, é a vizinhança com prédio com subsolos já implantados, resultando em condição de alteração do equilíbrio no prédio preexistente (Fig. 5.6). Nessa condição, o uso de solução *top-down* seria recomendável.

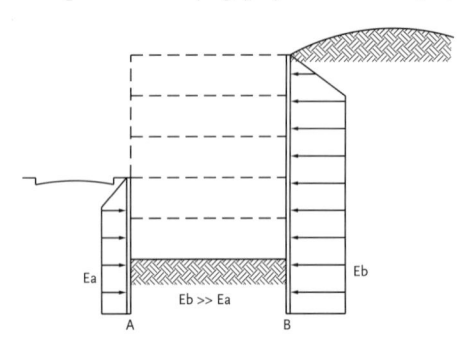

Fig. 5.5 *Escavação assimétrica, resultando em solicitações na estrutura interna da edificação*

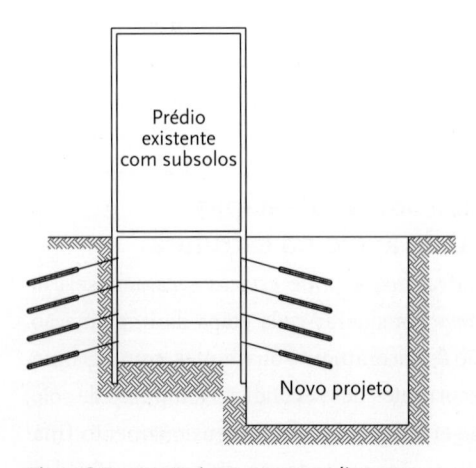

Fig. 5.6 *Escavação junto a um prédio com subsolos*

Os elementos da contenção devem ser verificados para as condições de apoio específicas na estrutura. Elementos presentes junto às rampas nas divisas, reservatórios ocupando mais de um pé-direito e caixas de elevadores, entre outros, devem ser objeto de verificação e ter seu dimensionamento específico.

Em condições usuais de ocorrência de lajes horizontais de estacionamentos ou pé-direito convencionais, a resultante de solicitações sobre as cortinas é menos crítica nessa situação do que durante o processo construtivo.

O dimensionamento da contenção (parede ou estacas) implica decisões de projeto, em geral resultantes do cálculo, tais como:

- Espessura e natureza da parede = f(rigidez + solicitações), incluindo equipamentos disponíveis.
- Característica do concreto = f(cálculo + durabilidade + impermeabilidade).
- Armaduras = f(cálculo + execução), com posicionamento conveniente para facilitar a concretagem via tubo *tremie*.
- Posicionamento (afastamento) dos suportes no período construtivo, do escoramento ou dos tirantes = f(cálculo + deslocamentos provocados). É

importante referir que a colocação do primeiro nível de escoramento deve ser a mais alta possível, causando dessa forma menor deslocamento da parede e menor recalque do terreno vizinho.
- Profundidade da ficha = f(limitação de equipamento disponível + profundidade do material de alta resistência ou considerações de drenagem e ruptura de base + empuxo passivo a ser mobilizado para equilibrar solicitações em nível superior + condição de fundações). Qualquer tipo de equipamento e ferramenta possui limitações de penetração em materiais resistentes, o que deve ser considerado, em geral com os possíveis executantes no caso de dúvida. O cálculo indica, para o perfil de projeto, a necessidade de determinada dimensão para atender a segurança quanto à percolação de água e a uma eventual ruptura de fundo, e a mobilização de empuxo necessário para a estabilidade e também para a transmissão de cargas atuantes sobre a contenção.
- Vinculação da estrutura da edificação com a parede diafragma ou estacas secantes = detalhamento da vinculação com várias formas, incluindo *inserts* nas paredes, e uso de armadura suplementar. A vinculação da estrutura por meio de inserção da armadura da estrutura em perfuração com *grout* e tratamento da junta é utilizada com sucesso em condições médias de presença de água sem artesianismo.

5.3 Dimensionamento do escoramento – tirantes e bermas

O escoramento das paredes de contenção pode ser metálico (pouco usado no Brasil para escavações em edificações, comum em valas de metrô), bermas ou banquetas de solo e tirantes. Podem ser utilizados elementos de solo grampeado, porém, como a mobilização de resistência é condicionada a certo deslocamento da massa de solo, a utilização deles requer cuidados especiais, especialmente junto a prédios sensíveis.

Escoramentos metálicos têm dimensionamento específico de estruturas metálicas, cabendo comentário sobre a necessidade de levar em conta os efeitos de temperatura e que a vinculação deles com elementos de concreto da contenção deve ter detalhamento específico e execução cuidadosa.

A utilização de bermas como elemento de suporte e estabilização de contenções deve ser tratada com o devido cuidado, uma vez que a mobilização do empuxo passivo na massa de solo pressupõe a existência de volume considerável de material, além de ser preciso preservar a geometria da berma ao longo do tempo necessário à sua atuação.

A Fig. 5.7 ilustra a influência das bermas temporárias nos deslocamentos e momentos na parede, ao passo que a Fig. 5.8 exibe o método da sobrecarga equivalente para o projeto da berma, em análise de equilíbrio-limite.

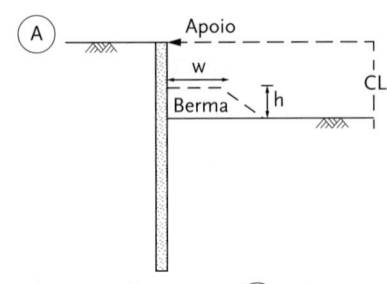

Fig. 5.7 *Influência das bermas temporárias nos deslocamentos e momentos na parede: (A) geometria da parede e da berma; (B) eficiência dos deslocamentos em função do volume de berma; (C) momento fletor máximo normalizado em função do volume de berma*
Fonte: Potts et al. (1992).

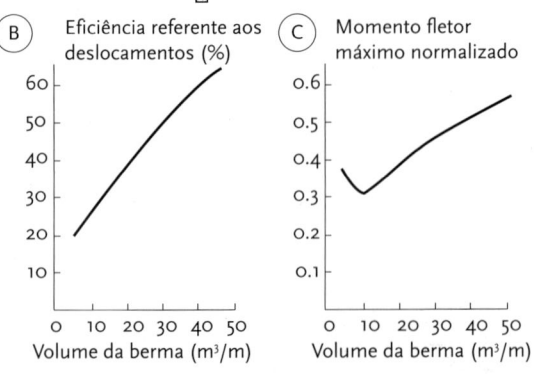

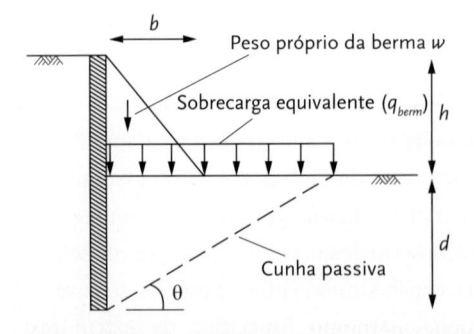

Fig. 5.8 *Método da sobrecarga equivalente para o projeto da berma em análise de equilíbrio-limite*

Soluções em tirantes constituem prática corrente em nosso meio, existindo farta literatura técnica internacional e brasileira específica (Hanna, 1982; Littlejohn, 1990; Hachich et al., 1998; Costa Nunes et al., 1976, 1977; Costa Nunes; Dringemberg, 1981; Costa Nunes, 1987; Yassuda; Dias, 1998).

Existem disponíveis no mercado opções de tirantes de barra e de cordoalha, com ampla variação de resistência característica para atender às necessidades dos projetos (catálogos Dywidag, Incotep, entre outros).

Cuidados específicos no projeto de cada elemento devem incluir a verificação dos comprimentos livres e ancorados, para que ele não se situe dentro da cunha virtual de ruptura. Várias abordagens podem ser utilizadas no cálculo, devendo sempre haver recomendação de comprovação experimental (ensaios) dos comprimentos e procedimentos executivos.

O projeto deve especificar as cargas de projeto, de ensaio e de incorporação dos tirantes. Nos casos de elementos provisórios, sua desativação deve ser objeto de planejamento e acompanhamento, bem como deve ser prevista a colmatação com *grout* ou produto cristalizante especial das aberturas nas paredes diafragma após a desativação e a remoção das cabeças desses elementos.

Nos casos de utilização de tirantes permanentes, estes devem ter plano de verificação periódica informado ao proprietário da obra e fazer parte dos documentos de entrega dos serviços.

As posições dos elementos de suporte da parede devem ser escolhidas de forma a não interferir na implantação da estrutura da futura edificação, evitando o posicionamento dos escoramentos nos níveis das lajes e elementos estruturais, o que pode causar dificuldades construtivas. A Fig. 5.9 apresenta tirantes e a posição nas rampas.

Fundações das estruturas vizinhas e utilidades identificadas devem ser objeto de cuidados específicos, com a localização delas em projeto e o posicionamento dos tirantes de maneira a evitar as interferências.

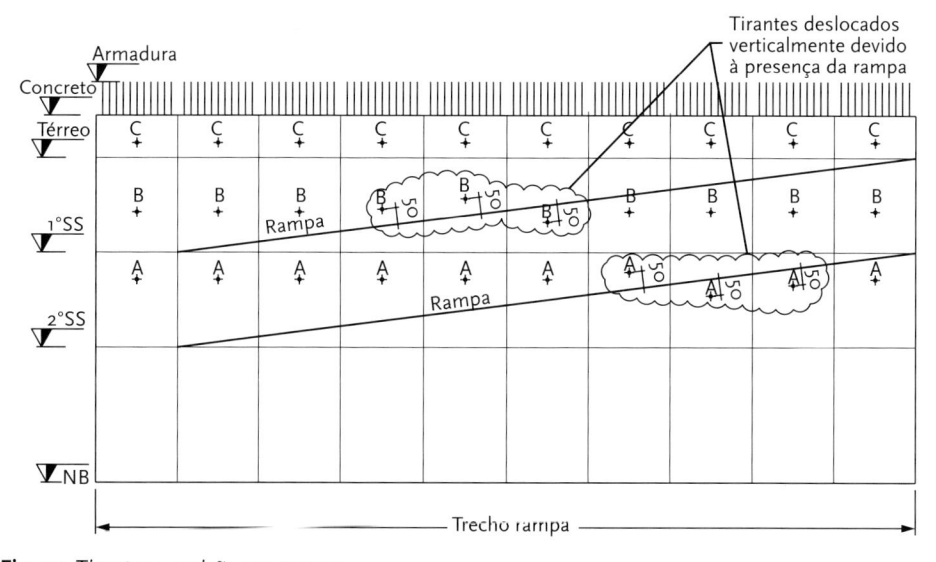

Fig. 5.9 *Tirantes e posição nas rampas*

5.4 Segurança dos vizinhos durante a implantação – previsão dos deslocamentos

A execução de escavações provoca a movimentação da massa de solo junto a elas ou a estruturas de contenção, devido à inevitável variação no estado inicial de tensões, à possível perda de material, ao eventual rebaixamento do nível freático, com possível adensamento de solos saturados. As fundações existentes nas proximidades e a sensibilidade aos recalques das estruturas próximas são fatores dos quais dependem esses efeitos. A previsão ou o cálculo dos deslocamentos é desafio de difícil solução.

O uso da experiência organizada constitui uma dessas ferramentas. O cálculo com ferramentas modernas é a opção atual, com a limitação da necessidade de conhecimento de características do solo envolvido no projeto. Esse cálculo é de complexa determinação.

A primeira coleção de casos reais organizada na bibliografia técnica foi a de Peck (1969), como mostra a Fig. 5.1o.

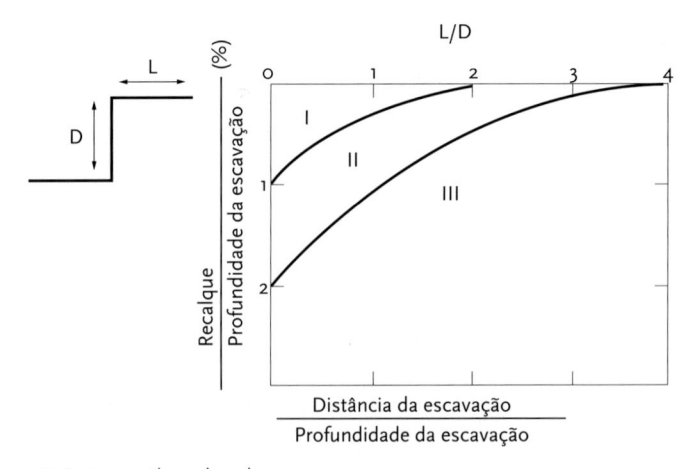

I) Areia e argila mole a dura
II) Argila muito mole a mole com profundidade limitada abaixo do fundo da escavação
III) Argila mole a muito mole para uma profundidade significativa abaixo do fundo da escavação

Fig. 5.10 *Deslocamentos junto às escavações*
Fonte: Peck (1969).

Como os efeitos provocados pelas escavações afetam o estado de tensões da massa de solo, mesmo fundações profundas são impactadas (Finno et al., 1991; Poulos; Chen, 1997; Korff, 2013). Em caso de obra de nossa autoria (Milititsky, 2000), uma escavação de 17,50 m que possuía, numa das divisas, um prédio com oito pavimentos suportados por fundações superficiais e, noutra divisa, um prédio com seis pavimentos com estacas tipo Franki com 12 m apresentou recalques ao término da escavação da mesma ordem de grandeza em ambas as divisas, devido ao alívio das tensões provocado pela implantação de parede diafragma e tirantes de escoramento.

A Fig. 5.11 mostra os resultados de estudos de casos nos quais foram monitorados os valores de deslocamentos verticais e horizontais para diferentes materiais, sendo utilizada como forma preliminar de estimativa de valores máximos e

5 | Projeto

padrões de deslocamento. Os deslocamentos superficiais e a distância da parede são expressos pela relação dessas variáveis com a máxima profundidade de escavação (H) e a distribuição dos recalques referida como proporção do recalque máximo atrás da parede.

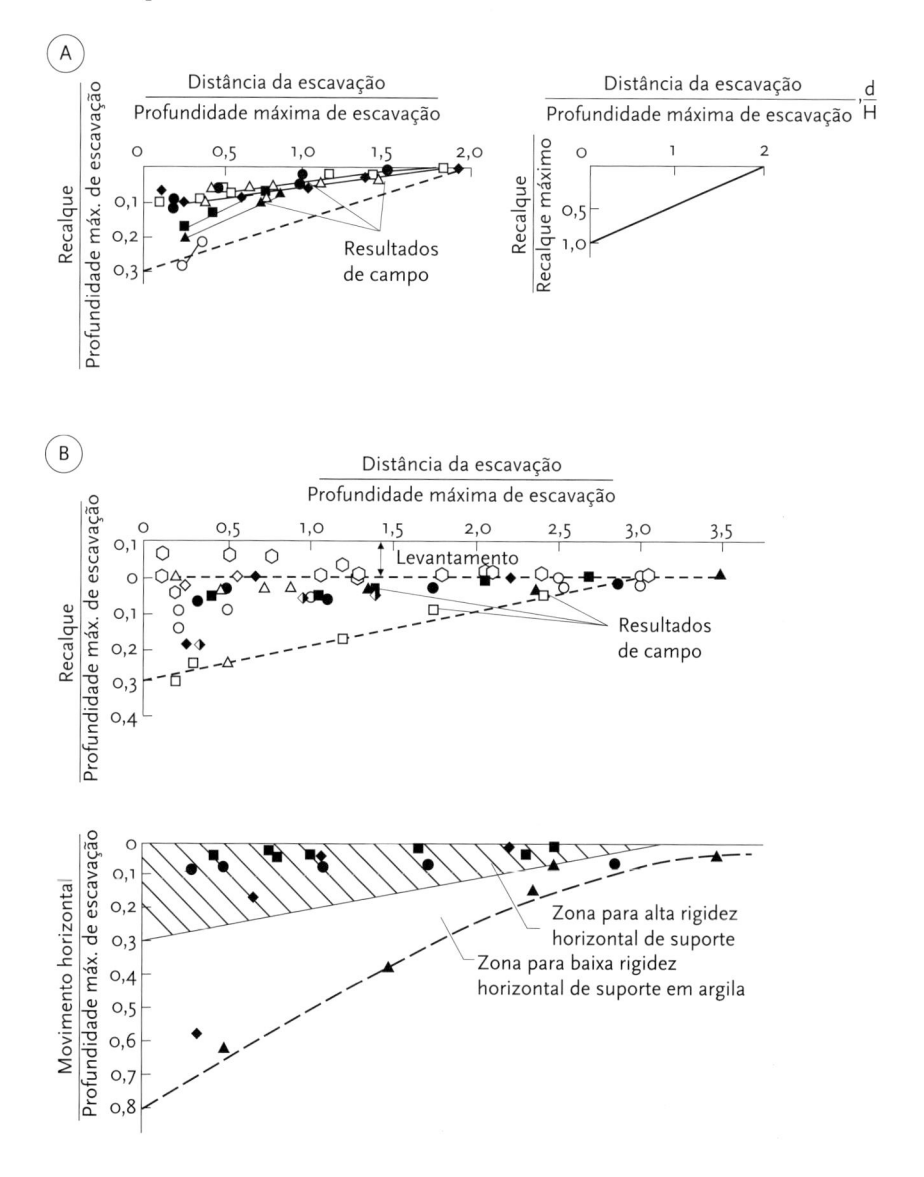

Fig. 5.11 *Levantamento dos valores de deslocamentos verticais e horizontais observados em escavações de diferentes materiais: (A) escavações em areia; (B) escavações em argila rija a muito dura*
Fonte: Clough e O'Rourke (1990).

Fig. 5.11 *Levantamento dos valores de deslocamentos verticais e horizontais observados em escavações de diferentes materiais: (C) escavações em argila mole a média*
Fonte: Clough e O'Rourke (1990).

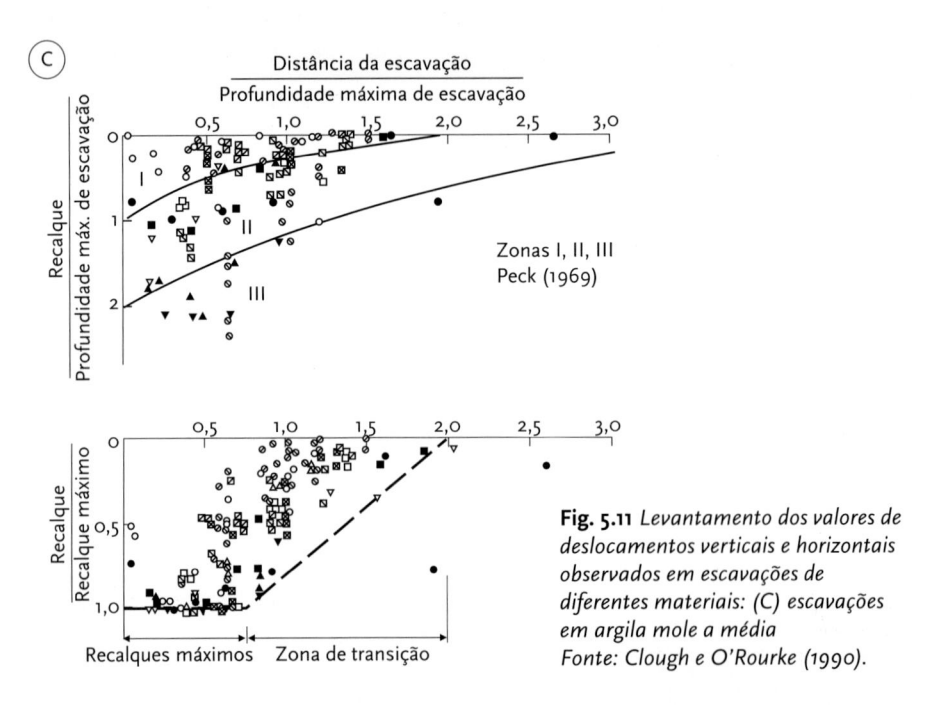

Com base nos dados coletados por Peck (1969) e Clough e O'Rourke (1990), Ranzini e Negro Jr. (1998) propõem uma forma expedita de prever deslocamentos verticais e horizontais máximos em escavação escorada como função dos níveis de qualidade de execução (Fig. 5.12).

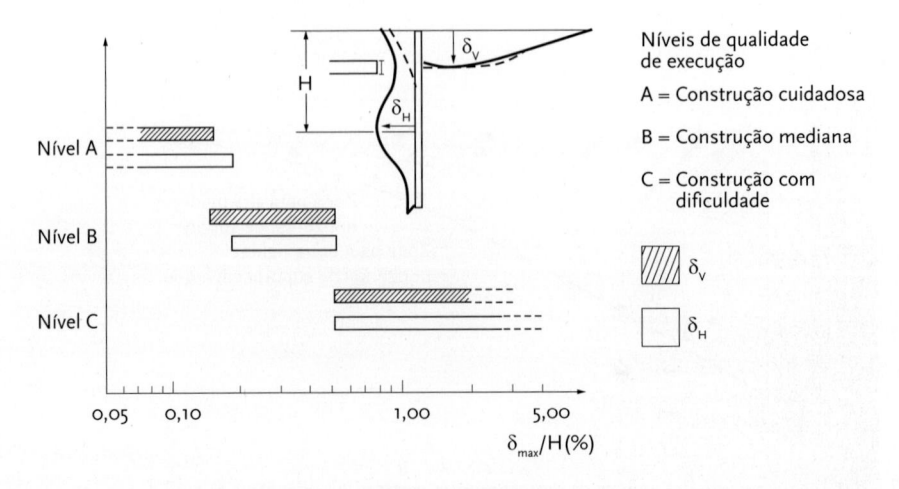

Fig. 5.12 *Forma expedita de prever deslocamentos verticais e horizontais máximos em escavação escorada*
Fonte: Ranzini e Negro Jr. (1998).

A Fig. 5.13 apresenta recalques máximos superficiais e deflexão lateral da parede, enquanto a Fig. 5.14 exibe o método de Bowles (1997) para a estimativa de recalques superficiais.

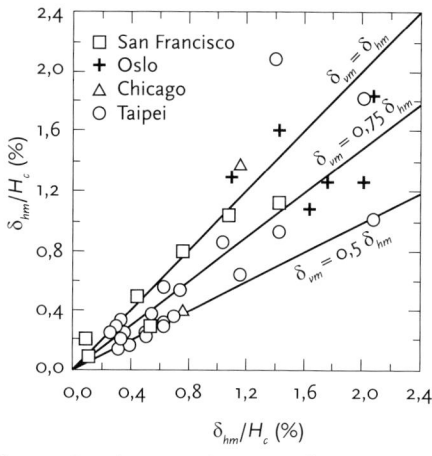

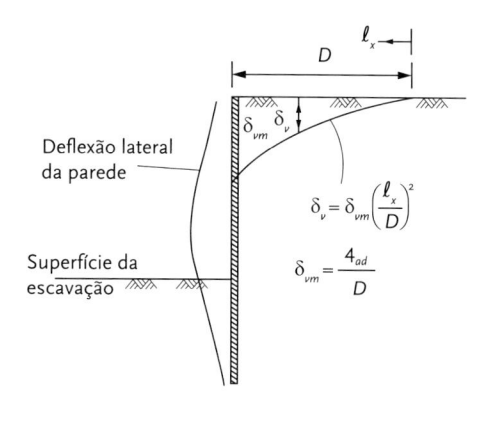

Fig. 5.13 Recalques máximos superficiais e deflexão lateral da parede
Fonte: Ou, Hsieh e Chiou (1993).

Fig. 5.14 Método de Bowles (1997) para a estimativa de recalques superficiais

$$\delta_v = \delta_{vm}\left(\frac{\ell_x}{D}\right)^2$$

$$\delta_{vm} = \frac{4a_d}{D}$$

A Fig. 5.15 mostra um caso em que foi feito o acompanhamento de recalques das diversas etapas de implantação de uma escavação com 17,5 m, contida por parede diafragma atirantada, junto a prédios assentes em fundações diretas e profundas em Porto Alegre.

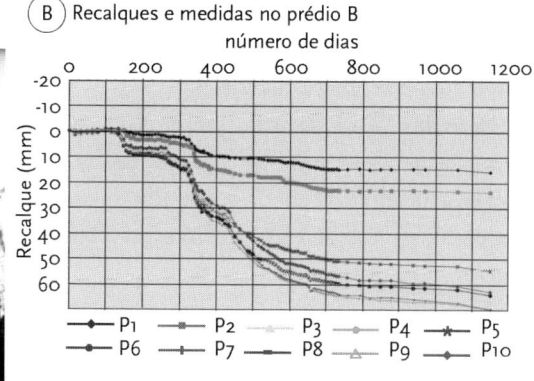

Fig. 5.15 Acompanhamento de recalques: (A) vista da escavação com prédio vizinho em fundação direta; (B) resultados do controle de recalques
Fonte: Milititsky (2000).

Em geral, os movimentos do solo devidos às escavações são causados pela execução da parede, pela execução de tirantes, pelo deslocamento horizontal do paramento de contenção durante a escavação, pelo fluxo de água causando perda de solo e adensamento, pelos deslocamentos dos suportes e após, quando da remoção ou da desativação dos elementos provisórios de suporte.

O deslocamento lateral do elemento de contenção permite extensão lateral e recalque (deslocamento vertical do terreno), quando a massa de solo vizinha à escavação se movimenta em direção à região escavada.

Os recalques resultantes de escavação em frente à cortina (forma de recalque e sua magnitude) são influenciados por (Hong Kong Government, 1991; Puller, 1996):

- variação de tensões devido à escavação;
- resistência e rigidez do solo;
- variação das condições do nível freático;
- rigidez da parede e do sistema de suporte;
- forma e dimensão da escavação;
- outros efeitos, tais como preparação do local, execução de fundações profundas etc.;
- qualidade executiva dos serviços.

O movimento da massa de solo resultante somente do processo construtivo depende da técnica empregada: elementos cravados provocam vibrações (BRE, 1995; Hiller; Crabb, 2000), cortinas de estacas escavadas justapostas, quando executadas em solos granulares abaixo do nível de água ou em argilas moles, podem provocar "perda de solo", e paredes diafragma executadas com o auxílio de bentonita ou polímero têm como resultado algum alívio de tensões e arqueamento do solo, mesmo quando bem executadas.

Nas Figs. 5.16 e 5.17 são apresentados os resultados de medições na massa de solo adjacente à execução de cortinas de estacas escavadas justapostas e paredes diafragma na argila de Londres, mostrando os deslocamentos provocados apenas na etapa de construção da parede, sem escavações.

O sistema construtivo das contenções, suas características de rigidez e as etapas e cuidados na sua implantação afetam de forma diferente os deslocamentos provocados na vizinhança.

A Fig. 5.18 mostra os deslocamentos observados em escavações na argila de Londres usando diferentes processos construtivos, ou seja, variações na rigidez dos suportes. Long (2001), relatando mais de 300 obras, observa que os maiores deslocamentos observados foram devidos principalmente a:

- movimentos associados com balanços grandes na parede de suporte no início da sequência construtiva;
- flexibilidade do sistema de contenção;
- *creep* das ancoragens;
- deformação da estrutura de contenção.

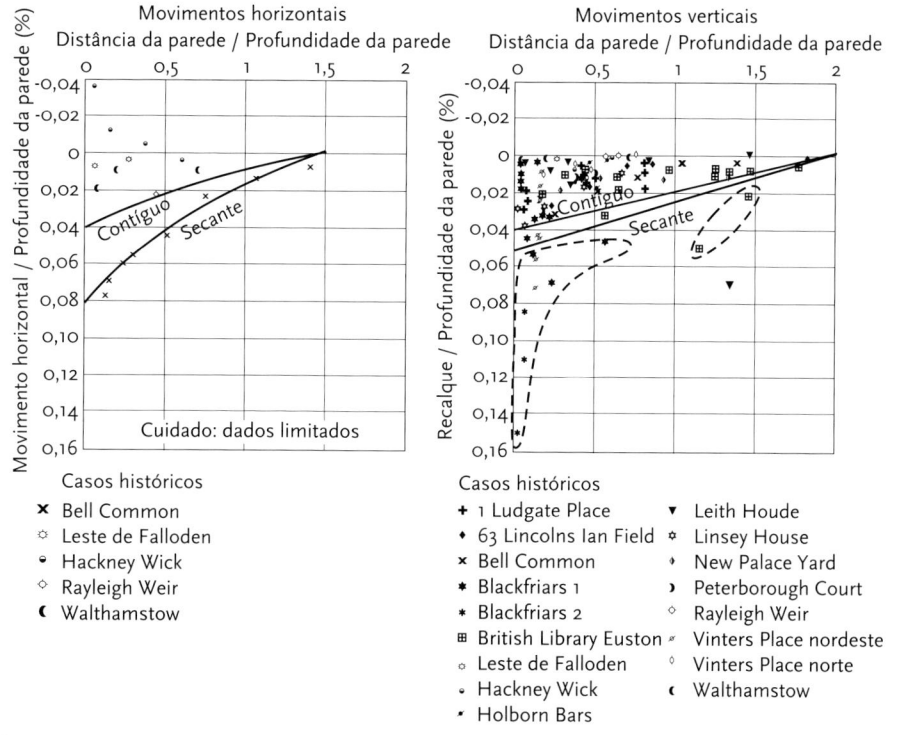

Movimentos horizontais
Distância da parede / Profundidade da parede

Movimentos verticais
Distância da parede / Profundidade da parede

Casos históricos
× Bell Common
○ Leste de Falloden
● Hackney Wick
◇ Rayleigh Weir
⊂ Walthamstow

Casos históricos
+ 1 Ludgate Place
◆ 63 Lincolns Ian Field
× Bell Common
∗ Blackfriars 1
✻ Blackfriars 2
⊞ British Library Euston
○ Leste de Falloden
● Hackney Wick
✱ Holborn Bars
▼ Leith Houde
✧ Linsey House
♦ New Palace Yard
⟩ Peterborough Court
◇ Rayleigh Weir
⊛ Vinters Place nordeste
◌ Vinters Place norte
⊂ Walthamstow

Fig. 5.16 *Movimentos da superfície do terreno decorrentes da instalação de parede de estacas escavadas em argila rija*
Fonte: CIRIA (2003).

É importante referir que, no caso das cortinas ancoradas com tirantes, o tempo decorrente entre a escavação, a implantação dos tirantes e a sua protensão tem efeito marcante nos deslocamentos provocados. Quanto maior o tempo até efetivamente conter a cortina, maior o deslocamento. Eventuais tirantes escavados com problemas de obstruções ou impossibilidade de uso devem ser imediatamente injetados para evitar perda de solo, fluxo de água e recalques resultantes indesejáveis.

No caso de paredes diafragma ou estacas justapostas em que são deixadas bermas como elemento de estabilização, estas devem ter projeto adequado (CIRIA, 2003) e proteção contra a erosão e a infiltração de água da chuva para evitar problemas de deslocamentos excessivos ou mesmo a instabilização da contenção.

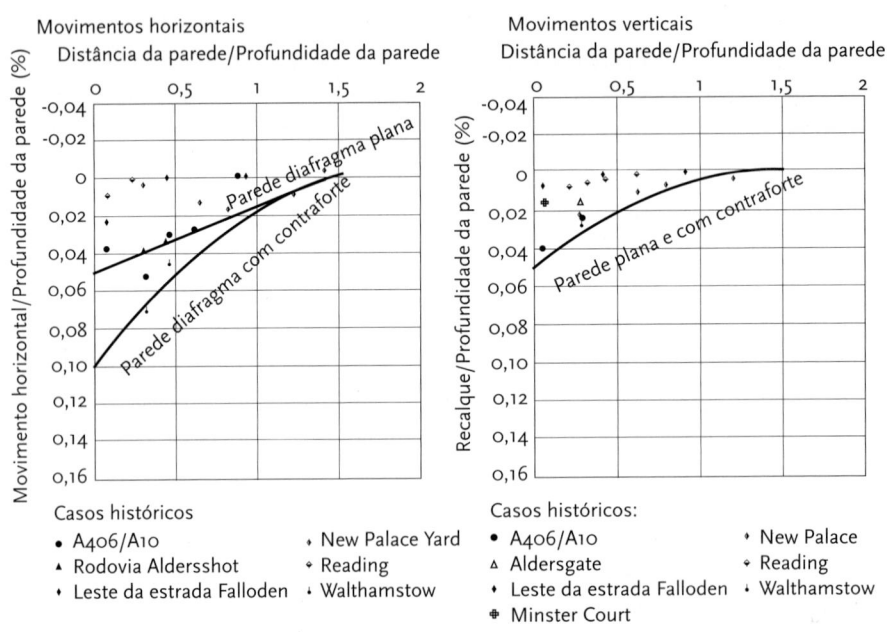

Fig. 5.17 *Movimentos da superfície do terreno decorrentes da instalação de parede diafragma em argila rija*
Fonte: CIRIA (2003).

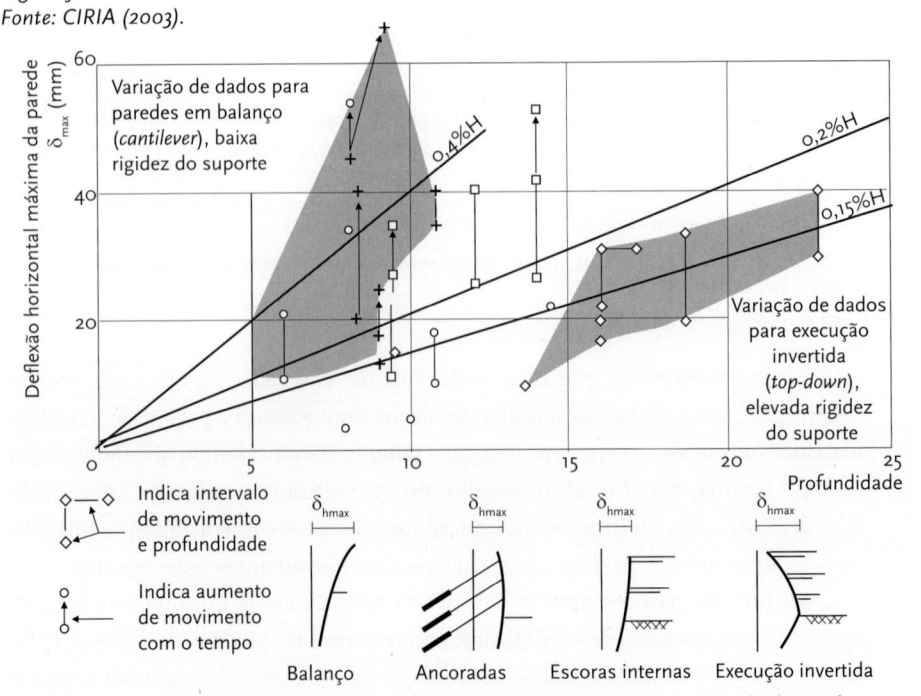

Fig. 5.18 *Deflexões laterais máximas observadas decorrentes de escavações na argila de Londres*
Fonte: St. John, Potts e Jardine (1992).

5 | Projeto

Estroncamentos metálicos têm seu desempenho dependente do pré-carregamento ou de detalhes no processo de encunhamento, podendo resultar em deslocamentos indevidos caso o processo construtivo não seja adequadamente executado. A questão do efeito da temperatura em estroncas metálicas é abordada com detalhe por Massad (2005).

Em algumas situações, a execução das contenções, em face do processo construtivo utilizado (perfis com prancheamento, por exemplo), pode até provocar perda de material, tornando o problema mais crítico.

Além da experiência organizada, como apresentado anteriormente, o uso de métodos numéricos por meio de programas de elementos finitos bi e tridimensionais permite a simulação de utilização de escoramentos em diferentes posições, bem como a simulação dos efeitos de utilização de paredes com diferente rigidez na estimativa dos deslocamentos dos terrenos vizinhos à escavação.

O uso dessas ferramentas é valioso na escolha e nas decisões de projeto, comparando repercussões de diferentes alternativas. Em nossa prática, entretanto, a falta de conhecimento e obtenção de parâmetros de comportamento representativos do solo em problemas correntes limita a utilidade e a precisão dos cálculos.

A normalização alemã exclui o uso de métodos numéricos (FEM) para a definição de comprimentos de tirantes e a verificação de ruptura de fundo.

No item 8.4 ("Danos", p. 124) apresentam-se elementos para avaliar se as distorções e os recalques previstos são compatíveis com a segurança da vizinhança.

Um exemplo de aplicação de análise por elementos finitos na solução de problema de escavação de 17,50 m com o uso de parede diafragma atirantada comparado com valores do acompanhamento da obra é apresentado por Schnaid et al. (2003).

Na Fig. 5.19 são apresentados deslocamentos previstos em solução *top-down* com estacas justapostas e bermas internas, com prédio vizinho em fundações diretas.

5.5 Efeitos em fundações profundas vizinhas

Prédios estaqueados na região de influência das escavações podem apresentar vários efeitos, entre os quais:
- diminuição da capacidade de carga das estacas pela redução do estado de tensões existente antes da escavação;
- recalques das estacas ocasionados pelas deformações da massa de solo abaixo da base delas;
- deformações horizontais das estacas provocando solicitações de momentos nelas, para os quais não foram projetadas;
- desenvolvimento de atrito negativo nas estacas, com redução de capacidade de carga.

Poulos e Chen (1997), Korff (2013), Zhang et al. (2010) e Ong (2004) são publicações específicas sobre cálculo, nas quais são apresentados casos de obras reais.

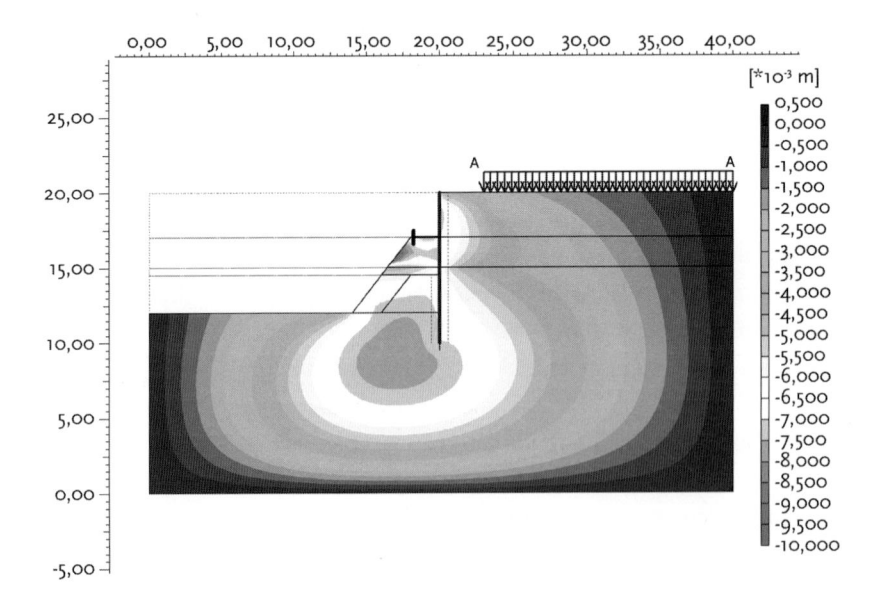

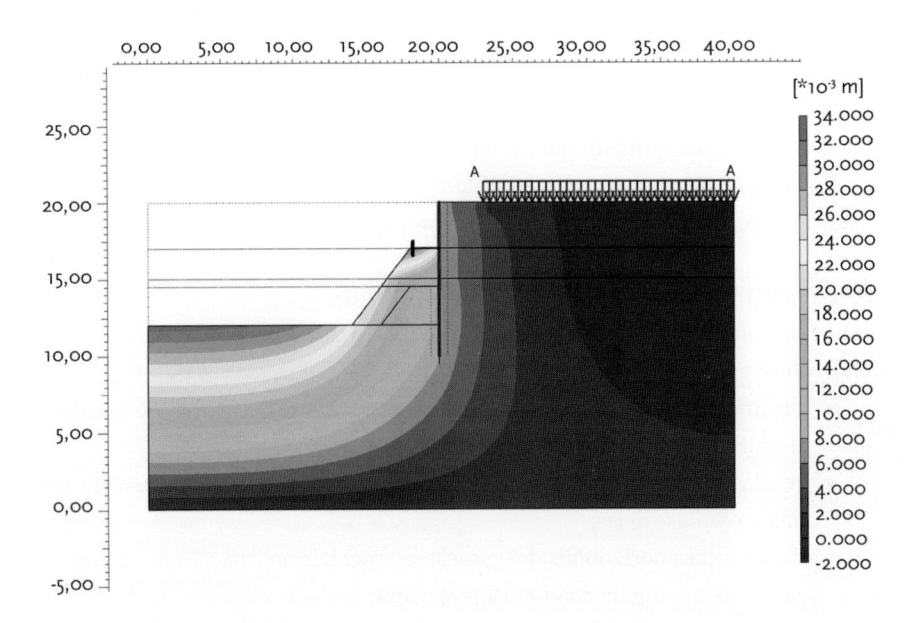

Fig. 5.19 *Deslocamentos previstos em solução* top-down *com estacas justapostas e bermas internas, com prédio vizinho em fundações diretas*

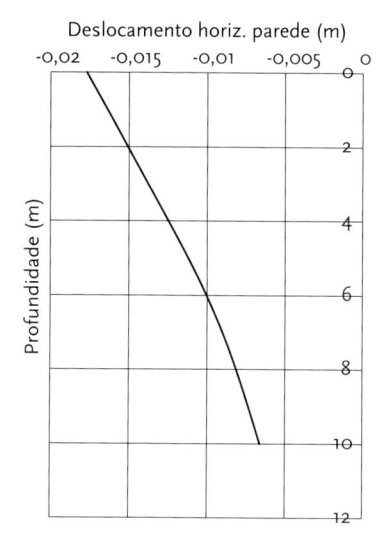

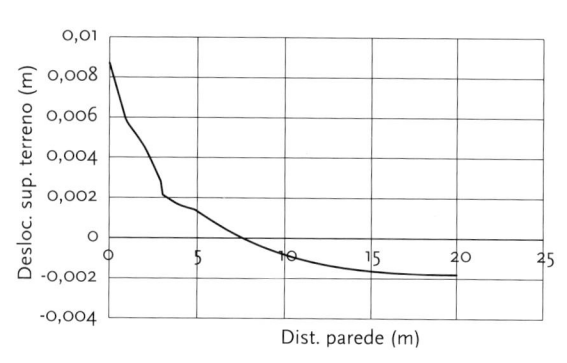

Fig. 5.19 *Deslocamentos previstos em solução* top-down *com estacas justapostas e bermas internas, com prédio vizinho em fundações diretas (cont.)*

6 Construção: cuidados e suas implicações (caso de parede diafragma e estacas secantes)

Características gerais e detalhes construtivos dos vários sistemas de contenção podem ser encontrados em Puller (2003), nos anais dos eventos do DFI referidos nas referências bibliográficas (DFI, 2005; EFFC/DFI, 2016), em Saes, Stucchi e Milititsky (1998) e em Xanthakos (1979, 1991).

A execução de paredes diafragma, opção corrente em obras urbanas brasileiras, apresenta uma série de características e cuidados que devem ser observados para a obtenção de bons resultados no processo construtivo (DFI, 2005). Nos casos em que ocorram problemas e dificuldades construtivas, existem procedimentos já estabelecidos que podem identificar as origens e orientar sua solução (Poletto; Tamaro, 2011).

6.1 Planejamento da implantação – vários serviços

O planejamento das várias atividades que concorrem para a implantação de subsolo, usualmente envolvendo contratantes diferentes, é essencial ao bom desenvolvimento das atividades. A escavação e a remoção do solo, sua sequência sincronizada com a execução dos tirantes ou apoios, as diversas atividades de execução de tirantes e sua protensão e teste, com prazos definidos, caracterizarão um bom ou mau andamento dos serviços. Atrasos e interferências nas etapas de efetiva ativação do escoramento conduzem a um aumento nos efeitos sobre deslocamentos permitidos. A questão da definição e do planejamento dos trechos a escavar e de sua cota para a implantação dos escoramentos é fundamental para o bom andamento da implantação da obra, devendo fazer parte do projeto.

A questão da rampa para a retirada do solo a ser escavado à medida que prossegue a implantação dos escoramentos deve ser objeto de planejamento, bem como sua remoção no final da escavação (Figs. 6.1 a 6.4).

Fig. 6.1 *Rampa para a remoção da escavação em operação*

Quando existem blocos de fundação e/ou a implantação das fundações resulta em solo a ser removido, uma sobre-escavação na região central do terreno, longe das divisas, pode ser executada para que o material proveniente do final da remoção da rampa sirva de reaterro e não constitua material a ser retirado do canteiro a partir de nível inferior.

Fig. 6.2 *Remoção parcial da rampa, com duas escavadeiras em níveis diferentes*

6 | Construção: cuidados e suas implicações

Fig. 6.3 *Remoção da escavadeira que permaneceu na base da escavação*

Fig. 6.4 *Retirada de equipamento de terraplenagem após término de escavação*

6.2 Escavação das lamelas – limpeza de fundo – uso de estacas secantes

A implantação das lamelas da parede diafragma até a profundidade de projeto deve ser objeto de análise conjunta entre a equipe de projeto e o executante. A previsão de uso de ferramentas adequadas (*clamshells* pesados e/ou fresas hidráulicas), sistemas compatíveis com os materiais existentes ou a necessidade de execução de pré-furo constituem importante decisão anterior ao início dos trabalhos.

Quando as lamelas servem de fundação para as cargas existentes, a questão de limpeza da base é fundamental. Se cargas elevadas não compatíveis com a transmissão por atrito e pela base da lamela executada até o limite de capacidade do equipamento estiverem atuando, podem ser introduzidos tubos internos junto às armaduras. Esses tubos servem para, posteriormente à concretagem das lamelas, a execução de estacas raiz dentro das lamelas já concretadas até o material resistente abaixo da base delas, provendo a adequada e segura fundação no alinhamento das paredes (ver Figs. 6.5 e 6.6).

A Fig. 6.7 mostra lamelas executadas com sérios problemas de limpeza de fundo e concretagem. Elas foram executadas com *clamshell* até o topo rochoso, que coincidia com o limite de implantação dos subsolos. Não ocorreu a remoção do material escavado na base da lamela por ocasião da concretagem, ficando o contato do concreto com a rocha altamente comprometido.

Fig. 6.5 *Tubos no interior da armadura de parede diafragma para a execução posterior de estacas raiz, internas à parede*

Fig. 6.6 *Lamelas concretadas mostrando o topo dos tubos para a execução de estacas raiz*

Fig. 6.7 *Lamelas com problemas de limpeza de fundo e concretagem*

A Fig. 6.8 exibe a importância da dosagem do concreto a ser utilizado nas paredes diafragma, com resultados sofríveis e comprometedores, com elementos porosos permitindo a passagem de umidade e comprometendo o desempenho da contenção.

Na Fig. 6.9 é apresentado o efeito da ausência de paredes guia verificado após a escavação de um poço com 25 m de profundidade. Os painéis resultaram desaprumados e desencaixados, com descontinuidade na parede e desempenho necessitando de correção pós-escavação para evitar perda de material, percolação de água e necessidade de alargamento para apoio em viga transversal de travamento.

A importante questão da qualidade da concretagem fica demonstrada pelos efeitos de sua ausência nas Figs. 6.10 e 6.11, onde são evidenciados os resultados de descontinuidades horizontais e verticais, com juntas descontínuas e seus resultados comprometendo o comportamento das contenções, especialmente sua estanqueidade e também a perda de material contido e consequentes recalques a montante da parede.

6 | Construção: cuidados e suas implicações

Fig. 6.8 *Umidade em painel de parede diafragma em virtude da presença de concreto poroso (dosagem e misturas inadequadas)*

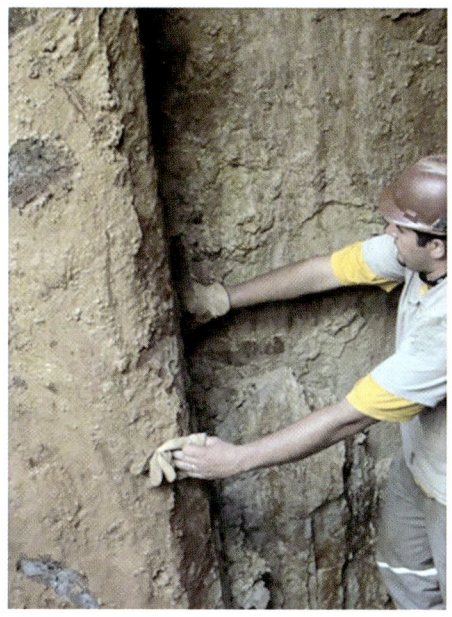

Fig. 6.9 *Desaprumo dos painéis em diafragma com 25 m de escavação interna mostrando vazio (desencaixe) entre elementos. Típico de elementos executados sem paredes guia*

Fig. 6.10 *Lamelas com sérios problemas de concretagem, resultando em vazios e descontinuidades horizontais, o que possibilita perda de solo e deslocamentos sensíveis a montante*

Fig. 6.11 *Dificuldades de concretagem, resultando em vazios horizontais no corpo da lamela e problema de junta entre as lamelas*

A perda de material através de descontinuidades nas contenções é apresentada de forma esquemática, com seu efeito de provocar recalques, nas Figs. 6.12 e 6.13.

Nas Figs. 6.14 e 6.15 são exibidos problemas correntes provocados pela drenagem e pelo bombeamento da água no subsolo.

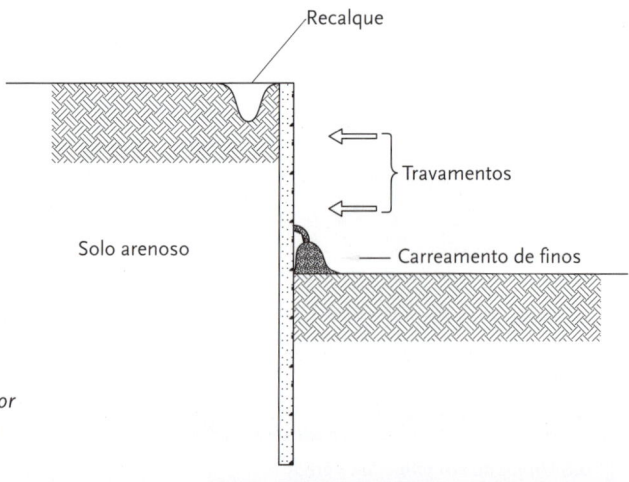

Fig. 6.12 *Recalques induzidos por carreamento de solo através da parede de contenção*

Fig. 6.13 *Problemas de juntas entre as lamelas (falta de limpeza e elementos de junta não adequados), provocando carreamento de solo e instabilidade geral*

Fig. 6.14 *Problemas de drenagem do subsolo em virtude da ausência de tratamento das juntas entre as lamelas e na posição dos tirantes*

6 | Construção: cuidados e suas implicações

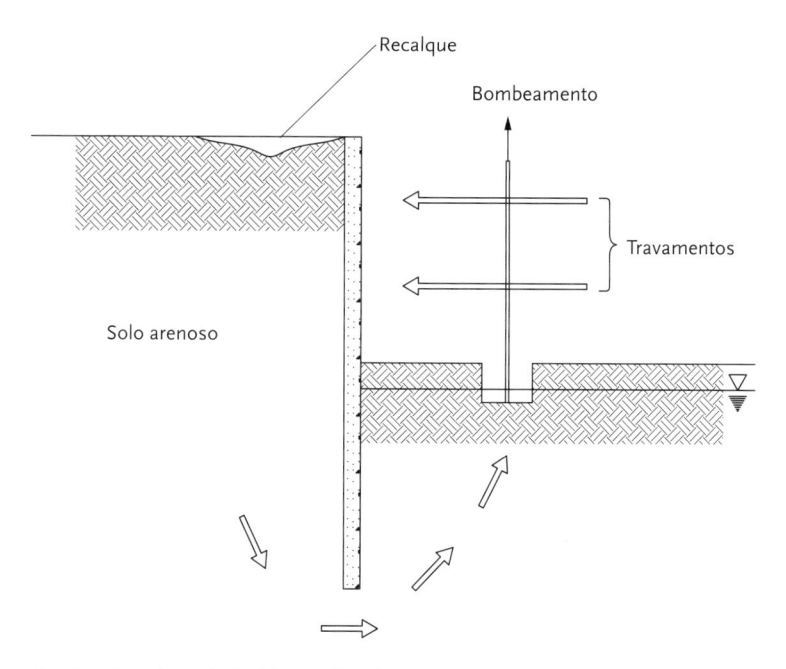

Fig. 6.15 *Recalques induzidos por bombeamento*

6.3 Concretagem

A concretagem das paredes diafragma constitui elemento importante no seu desempenho e permeabilidade, além de ser essencial para a sua integridade. Tipicamente, o concreto deve ter $fck > 30$ MPa e 400 kg de cimento/m³. Boa parte dos problemas em paredes moldadas *in situ* é decorrente de questões referentes ao material utilizado, resultando em danos e problemas.

Uma publicação internacional recente de EFFC/DFI (2016) mostra a evolução da prática na Europa e nos Estados Unidos.

No caso usual de uso de fluido estabilizante, a verificação de sua condição e perfeita limpeza são fundamentais para a obtenção de elemento íntegro construído. Interrupções de fornecimento de concreto, bem como material de trabalhabilidade inadequada, entre outros, acabam resultando em falhas que podem ocasionar problemas sérios de desempenho.

Durante a escavação, após a implantação das paredes, qualquer imperfeição ou falha verificada ou percebida deve ser imediatamente tratada, evitando-se eventual fluxo de água, perda de material ou mesmo a fragilização e a ruptura do elemento afetado.

A Fig. 6.16 apresenta um acidente em Dubai proveniente de falha de concretagem e fluxo intenso através da parede.

Fig. 6.16 *Acidente em Dubai decorrente de falha de concretagem e fluxo intenso através da parede*

6.4 Juntas entre painéis

No processo de concretagem dos painéis, nas paredes moldadas *in loco*, que é o caso mais comum de uso em grandes escavações, usualmente o projetista não participa da determinação da ferramenta que define a junta. Esse detalhe, o tipo de ferramenta (tubo junta, placa etc.), pode dar origem a falha e resultar em caminho preferencial da água, com necessidade de tratamento após escavação. No caso da presença de solos moles, o uso de junta apenas parcial quanto ao comprimento escavado resulta muitas vezes em extravasamento do concreto fluido para a posição da futura escavação, impedindo sua realização e comprometendo a execução.

Nos casos de paredes pré-fabricadas, o tratamento das juntas é obrigatório e constitui atividade especializada, devendo ser realizado somente por equipe experiente na técnica.

A Fig. 6.17 exibe os tipos de juntas entre painéis.

6.5 Estacas secantes

Em certas situações, o uso de estacas secantes constitui uma solução em virtude da sua maior capacidade de penetração em materiais resistentes, de difícil escavação com as ferramentas usuais (*clamshell*) das paredes diafragma.

6 | Construção: cuidados e suas implicações

Em algumas circunstâncias, estacas escavadas (estações) ou mesmo estacas hélice contínua são utilizadas (Figs. 6.18 a 6.20).

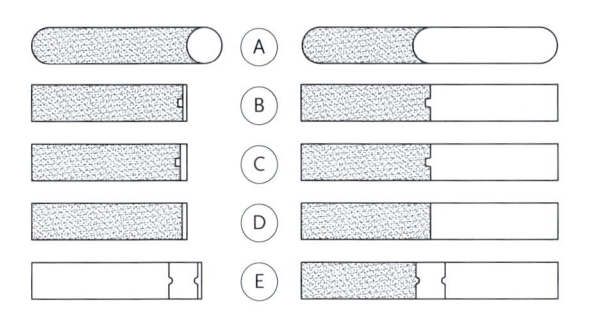

Fig. 6.17 *Tipos de juntas entre painéis: (A) tubo junta; (B) chapa junta; (C) chapa junta com* clavett *para injeção posterior; (D) perfil perdido; (E) pré-moldado perdido. Os tipos (A) e (B) são os mais utilizados*
Fonte: Saes (s.d.).

Fig. 6.18 *Cortina de estacas hélice contínua justapostas*

Fig. 6.19 *Estacas hélice contínua armadas com perfis metálicos com 24 m*

Fig. 6.20 *Estacas hélice contínua armadas com perfis metálicos, no início da escavação*

Quando ocorrem matacões de grande dimensão, estacas tipo raiz podem ser utilizadas como contenção, como mostram as Figs. 6.21 e 6.22.

Fig. 6.21 *Vista geral de estacas raiz usadas em solos com grandes matacões*

Fig. 6.22 *Detalhe da figura anterior*

6.6 Escoramento (tirantes) – desempenho, prazos e sequência construtiva, provisórios × permanentes

Os trechos a escavar para a implantação dos tirantes, cotas máximas de escavação, bermas, entre outros, devem ser especificados em projeto, não podendo ser resolvidos no canteiro pela empresa de escavação ou pelo pessoal da obra.

As fundações e os elementos enterrados das edificações e utilidades vizinhas devem ser evitados no projeto. É necessário que cuidados especiais sejam tomados nos casos de interceptação de fundações e utilidades durante a perfuração dos tirantes. Nesses casos, as perfurações devem ser imediatamente colmatadas e uma nova posição deve ser estabelecida para a implantação do tirante.

O desempenho de todos os tirantes executados precisa ser objeto de comprovação em ensaios. A norma brasileira que rege o tema, a NBR 5629 (ABNT, 2006), deve ser seguida, especialmente quanto aos ensaios especificados. A má prática de presumir que testar os primeiros tirantes executados constitui garantia de bom desempenho é inaceitável e precisa ser evitada. É relativamente comum a ocorrência de tirantes com mau desempenho executados no mesmo material, com o mesmo procedimento. Na medida em que os tirantes usualmente se situam em terreno não investigado, fora da área da obra, seu cálculo constitui normalmente uma avaliação a ser sempre comprovada, caso a caso. Tirantes com mau desempenho devem ser reinjetados ou substituídos.

É importante referir que, no caso das cortinas ancoradas com tirantes, o tempo decorrente entre a escavação, a implantação dos tirantes e a sua protensão tem efeito

6 | Construção: cuidados e suas implicações

marcante nos deslocamentos provocados. Quanto maior o tempo até efetivamente conter a cortina, maior o deslocamento. Eventuais tirantes escavados com problemas de obstruções ou impossibilidade de uso devem ser imediatamente injetados para evitar perda de solo, fluxo de água e recalques resultantes indesejáveis.

Os tirantes permanentes, quando utilizados, devem ter tratamento especial de proteção (NBR 5629 – ABNT, 2006), devem ser deixados comprimentos disponíveis desses tirantes para reensaio, a ser programado ao longo de sua vida útil, e deve ser deixada documentação para que tais ensaios sejam objeto dos procedimentos regulares de manutenção.

As Figs. 6.23 a 6.39 apresentam vários casos de problemas em escavações.

Fig. 6.23 *Lamela com ficha pequena tombada em virtude da remoção da berma*

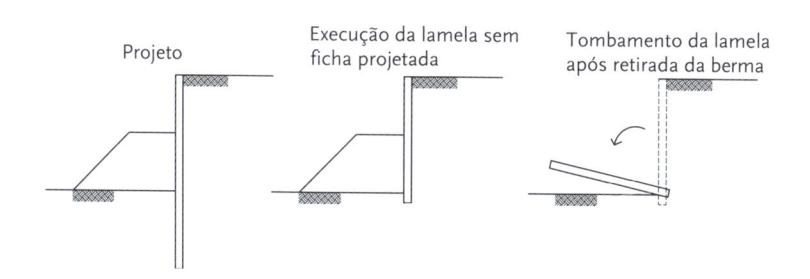

Fig. 6.24 Croquis *do problema*

Fig. 6.25 *Lamela de parede diafragma executada sem espaçadores de armadura, com armaduras expostas*

Fig. 6.26 *Estaca raiz com falha de concretagem, abaixo do painel concretado da parede diafragma*

Fig. 6.27 *Cortina mista com estacas raiz e parede diafragma mostrando as irregularidades construtivas*

Fig. 6.28 *Contenção com estacas escavadas justapostas mostrando irregularidades de secção e seccionamento de um elemento, verificadas após execução*

6 | Construção: cuidados e suas implicações

Fig. 6.29 *Painéis de parede diafragma com estacas raiz internas com sérios problemas construtivos*

Fig. 6.30 *Parede diafragma executada em local com matacões, não atingindo a profundidade projetada*

Fig. 6.31 *Detalhe da presença da obstrução (matacão) impedindo a execução da lamela até a profundidade projetada*

Fig. 6.32 *Parede diafragma com falhas de concretagem e mau uso de polímero como fluido estabilizador*

Fig. 6.33 *Parede diafragma com concreto contaminado*

Fig. 6.34 *Painel de parede diafragma com concretagem não adequada, sem remoção de solo dentro da escavação*

Fig. 6.35 *Detalhe de parede com problema de concretagem*

6 | Construção: cuidados e suas implicações

Fig. 6.36 *Vista dos trechos com problema em parede diafragma*

Fig. 6.37 *Cortina de estacas raiz justapostas com falha grosseira de concretagem*

Fig. 6.38 *Juntas com problemas de limpeza entre painéis de parede diafragma e concreto contaminado*

Fig. 6.39 *Cortina de estacas raiz justapostas com falhas grosseiras de concretagem*

6.7 Observações quanto à qualidade das paredes diafragma (Saes, s.d.)

- Lençol freático contaminado por matéria orgânica pode afetar a estabilidade da escavação e, em casos extremos, torná-la impraticável.
- Matacões, camadas duras inclinadas e obstáculos enterrados podem causar desaprumos cuja correção, quando possível, exige o emprego de trépanos pesados.
- O *overbreak* (sobreconsumo) é dependente das características das camadas de solo atravessadas, das folgas das ferramentas e principalmente da qualidade da lama bentonítica ou do fluido estabilizador.
- Em condições usuais de escavação e observadas as boas técnicas executivas, pode-se esperar os seguintes *overbreaks*:
  - *argilas*: 4% a 7%;
  - *areias finas compactas*: 3% a 6%;
  - *areias finas fofas*: 12%;
  - *areias médias e grossas*: 10%;
  - *argilas muito moles*: 20% ou mais.
- As armaduras devem ser montadas prevendo a passagem dos tubos tremonha.
- Problemas de concretagem, na grande maioria das vezes, são devidos à falta de plasticidade e/ou à deficiência no fornecimento do concreto, aliada à má qualidade da lama na hora da concretagem.
- No arrasamento, no topo da parede diafragma, o concreto adequado vem recoberto por uma camada de concreto misturado com lama bentonítica. A espessura dessa camada é função principalmente da qualidade da lama e do tempo de concretagem. Lamas mais poluídas e concretagens mais demoradas acarretam camadas mais espessas. Normalmente são usuais camadas com espessuras de até 50 cm.

Monitoramento: controle

O controle dos efeitos das escavações é item essencial para a garantia da segurança de escavações e deve constar dos projetos que envolvam possíveis danos em vizinhos e/ou apresentem características distintas daquelas corriqueiras de pequena dimensão.

De forma geral, os objetivos de monitoramento de uma escavação em perímetro urbano são os a seguir descritos:

- *Assegurar a segurança global da escavação*: essa é a função mais relevante de qualquer programa de monitoramento. Quando devidamente acompanhado, o monitoramento revela sinais de mau desempenho ou evidência de efeitos diferentes dos previstos em aspectos como deslocamentos e tensões, permitindo a adoção de medidas cautelares que evitem o colapso.
- *Assegurar a segurança da vizinhança*: em grandes escavações em meio urbano é praticamente impossível evitar os efeitos nas edificações e serviços próximos. Um dos aspectos a serem considerados no projeto e nas especificações da obra é o estabelecimento de limites para as variáveis sendo monitoradas, com a finalidade de corrigir o andamento dos trabalhos ou mesmo alterar procedimentos quando da evidência de efeitos indesejáveis (recalques excessivos, altas velocidades de recalques).
- *Confirmar as condições de projeto*: na medida em que a análise e o cálculo são feitos com base em modelos de comportamento e simplificações e/ou experiência anterior, a monitoração fornece os dados que confirmam a adequação das premissas de projeto, permitindo melhorar o conhecimento sobre as propriedades dos solos, os sistemas construtivos, os cuidados necessários, melhorando a evolução da obra (aceleração dos trabalhos), quando possível, e colhendo dados para futuros projetos.

- *Acompanhar o comportamento dos efeitos da escavação ao longo do tempo*: em projetos de grande porte é sempre interessante acompanhar os efeitos de longo prazo, pós-finalização do projeto, como comprovação de segurança e bom desempenho dos elementos eventualmente afetados.
- *Fornecer informações representativas para eventual ação judicial*: as informações obtidas pelos sistemas de monitoramento podem fornecer as causas reais de eventuais danos ou colapso e focar adequadamente ações litigiosas ou não entre as partes envolvidas no projeto, além de servir como comprovação da adoção de bons princípios da prática geotécnica.

Existem ensaios e instrumentação utilizados para o conhecimento da evolução das condições das ações, deslocamentos e solicitações nos elementos utilizados para a estabilização de grandes escavações ou no material que está sendo suportado.

A ação da água é sempre um elemento de magnitude importante, quer se refira aos empuxos sobre as contenções, quer se trate de rebaixamento indevido ou adensamento de solos e consequentes recalques de camadas argilosas saturadas. Piezômetros instalados na massa de solo, com monitoração ao longo da implantação dos serviços, servem de indicação da eficiência dos trabalhos, adequação das premissas referentes aos empuxos de água e acompanhamento dos efeitos da execução das contenções, tirantes, rebaixamento, recarga etc.

O conhecimento dos deslocamentos da massa de solo em várias distâncias do paramento de contenção serve para a observação da segurança ao longo do desenvolvimento da obra, bem para a adequação das premissas de análise quando estimados deslocamentos. A instalação de inclinômetros dentro da massa de solo, com leituras nas diversas etapas da obra, possui essa finalidade e serve como suporte ao "método observacional" de condução dos trabalhos.

A colocação de inclinômetros no corpo da parede de contenção permite a medição dos deslocamentos, a curvatura do elemento estrutural, e, com análise dos dados, a determinação dos momentos atuantes. Dessa forma, podem ser avaliadas as premissas de cálculo e confirmadas as condições de segurança das estruturas.

Células de carga em estroncas ou em tirantes permitem o acompanhamento das reações ao longo da implantação, identificando situações anômalas ou sinais de risco.

7.1 Planejamento do monitoramento

Um planejamento completo e compreensivo do monitoramento deve abordar os seguintes aspectos:

- *Variáveis a medir*: os materiais envolvidos na questão de escavações são o solo e a água, as estruturas de contenção propriamente ditas e os elementos suportes (escoramentos ou tirantes). Dependendo das características específicas de cada situação, tais como condições do geomaterial escavado e estruturas adjacentes, são definidas as variáveis relevantes para a segurança do projeto.

- *Localização dos instrumentos/pontos de medição*: deve ser de forma a indicar o comportamento da escavação e de estruturas adjacentes que represente as condições críticas de segurança.
- *Escolha da especificação dos equipamentos/métodos*: função das variáveis a medir e da disponibilidade no mercado e de empresas especializadas.
- *Estabelecimento da frequência das medições*: relacionado com as etapas do processo de instalação das contenções e escavações. Deve ser mais frequente durante o período de escavação, podendo ser alterado nos casos de registros indicativos de risco ou agravamento de situações consideradas perigosas ou fora da expectativa.
- *Indicação de níveis de alerta e ação*: esse aspecto é detalhado na seção a seguir.

7.2 Indicação de níveis de alerta e ação

Os níveis de alerta e ação são importantes em obras de maior magnitude onde o projetista não se faz presente de forma sistemática. O nível de alerta indica a necessidade de aumentar a frequência do controle e da observação, ao passo que o nível de ação indica a necessidade de implementar medidas que alterem imediatamente as condições de implantação (reaterro parcial, redução de níveis ou trechos escavados, desocupação de prédios vizinhos, entre outras). É importante registrar que somente a observância dos níveis, sem a inspeção aos prédios e elementos vizinhos por profissional experiente, não garante a segurança.

Como exemplo, a Tab. 7.1 apresenta as recomendações adotadas dos valores de controle para o sistema de monitoramento CH218 do sistema de trânsito de Taipei, em Taiwan.

Tab. 7.1 Valores de controle para o sistema de monitoramento CH218 do sistema de trânsito de Taipei, em Taiwan

Área	Instrumento	Valor de alerta	Valor de ação
Escavação	1 Inclinômetros (dentro da parede)	60 mm	85 mm ou 1/350
	2 Inclinômetros (no solo)	30 mm	40 mm
	3 Poços de observação/piezômetros (dentro da zona escavada)	−2 m	−3 m
	4 Poços de observação/piezômetros (fora da zona escavada)	Dentro de 1,0 abaixo da escavação e FS contra liquefação menor que 1,25	Esgotamento de água falho
	5 *Strain gauges*	90% da carga de projeto	125% da carga de projeto
	6 *Rebar stress meter*	250 MPa	350 MPa

Tab. 7.1 Valores de controle para o sistema de monitoramento CH218 do sistema de trânsito de Taipei, em Taiwan (cont.)

Área	Instrumento	Valor de alerta	Valor de ação
Estruturas vizinhas	1 Pinos de recalque (na estrutura)	22 mm	25 mm
	2 Recalques diferenciais das estruturas	1/600	1/500
	3 *Tiltmeters* (estruturas)	1/800	1/500
	4 *Strain gauges* de corda vibrante	Qualquer deformação durante o grouteamento	1,0 *mini strain*

Já na Tab. 7.2, são listados os valores de alerta utilizados no metrô de Valência, na Espanha.

Tab. 7.2 Valores de alerta para o sistema de monitoramento do metrô de Valência, na Espanha

Limites de risco	Recalque admissível (mm)			Distorção angular			Deformação horizontal (%)		
	Verde	Amarelo	Vermelho	Verde	Amarelo	Vermelho	Verde	Amarelo	Vermelho
Zona sem construções	<50	50-100	>100	1/100	1/100-1/50	>1/50	<1,50	1,50-2,00	>2,00
Fundações em estacas ou apoiadas em terreno de boas condições	<20	20-30	>30	<1/1.000	1/1.000-1/500	>1/500	<0,15	0,15-0,20	>0,20
Tubulações sem gás									
Estrutura enterrada ou túneis	<15	15-25	>25	<1/2.000	1/2.000-1/1.000	>1/1.000	<0,15	0,15-0,20	>0,20
Edificações em fundação direta em boas condições	<10	10-15	>15	<1/2.000	1/2.000-1/1.000	>1/1.000	<0,15	0,15-0,20	>0,20
Edificações em fundação direta em más condições									
Prédios históricos	<5	5-10	>10	<1/3.000	1/3.000-1/2.000	>1/2.000	<0,05	0,05-0,10	>0,10
Prédio com mais de dez pavimentos									
Tubulação de gás									

7 | Monitoramento: controle

Os valores propostos são independentes do solo característico do edifício, dado que esses valores se referem à capacidade resistente ao movimento, independentemente de sua origem.

No Quadro 7.1 são apresentadas as variáveis a serem monitoradas e os elementos correntes usados na sua avaliação ou medida. Técnicas modernas incluem registro automático e transmissão em tempo real para escritório, permitindo o acompanhamento à distância.

Quadro 7.1 INSTRUMENTAÇÃO INDICADA

Medidas	Instrumentação apropriada
Deslocamento da superfície do terreno, da estrutura e do topo das paredes	Controle de recalques por topografia de precisão
Deformações horizontais da superfície do terreno, da estrutura e da parte exposta da parede	Métodos de levantamento (trena, medidor de distância eletrônico – EDM)
	Métodos de convergência
	Linhas de prumo
Deformações horizontais da subsuperfície do terreno	Inclinômetro
	Transdutor de corda vibrante
Deformação subsuperficial do terreno e dos serviços	Pontos de deslocamento subsuperficiais
	Extensômetros de haste
	Transdutor de corda vibrante
Empuxo de terra atuando sobre as paredes	Células de pressão total
Flexão das paredes	*Strain gauges* diferenciais
Carregamentos no escoramento e nas ancoragens	Extensômetros de corda vibrante montados na superfície
	Strain gauges mecânicos montados em superfície
	Macacos hidráulicos calibrados e células de carga
	Células de carga
Pressão de água	Piezômetros
	Medidores de nível d'água automáticos
	Sensores de nível d'água elétricos
Levantamento de fundo da escavação	Extensômetros magnéticos
	Placas e pinos de recalque
	Transdutor de corda vibrante
	Inclinômetro
Mudança na espessura de fissuras em estruturas e serviços	Medidores de fissuras
Temperatura das estroncas	Termômetro diferencial

8
Deslocamentos dos vizinhos: acompanhamento × danos

Os movimentos ocasionados pelas escavações e pelos procedimentos de implantação dos apoios das contenções podem causar deslocamentos das estruturas existentes na região afetada, tais como translações, rotações e distorções, e possivelmente resultar em danos. Movimentos rígidos de translação vertical e horizontal ou recalque uniforme influem pouco na sua distorção e trincamento, porém podem afetar conexões ou serviços vinculados à própria estrutura ou a elementos adjacentes. O uso ou o funcionamento das edificações pode ser afetado, especialmente se os usuários tiverem percepção negativa do fenômeno ou se ele afetar instalações, elevadores e equipamentos em geral.

O acompanhamento de deslocamentos dos vizinhos pode ser realizado de forma simples por meio do controle de recalques, do controle de verticalidade e do controle de fissuras.

8.1 Controle de recalques

Quando é necessário o acompanhamento do desempenho de estruturas existentes em virtude de uma escavação de grande porte próxima, realiza-se o controle de recalques.

O procedimento consiste na medida, com equipamento topográfico de precisão, referenciado a um *bench mark* ou marco de referência, de forma regular, da evolução dos recalques com o tempo ou com os estágios de carregamento. A instalação de controle (NBR 9061 – ABNT, 1985) com o detalhe de um marco de referência e dos pinos usualmente utilizados, nos quais é apoiada a uma régua Invar, por ocasião de cada leitura.

As Figs. 8.1 a 8.5 apresentam a instrumentação a ser implantada para o monitoramento, enquanto a Fig. 8.6 exibe um exemplo de apresentação de relatório com resultados.

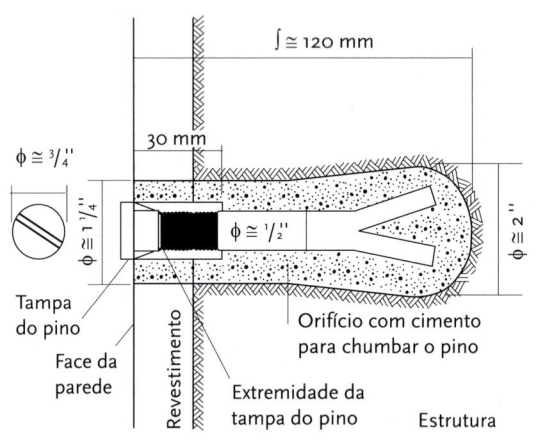

Fig. 8.1 *Detalhe do pino de acordo com a NBR 9061 (ABNT, 1985)*

Fig. 8.2 *Pino*

Fig. 8.3 *Detalhe do bench mark de acordo com a NBR 9061 (ABNT, 1985)*

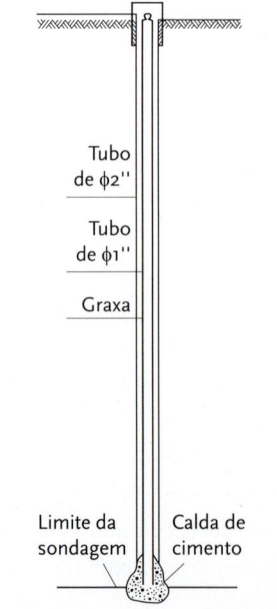

Fig. 8.4 *Topo de* bench mark

As medidas dos movimentos são realizadas, sendo os resultados apresentados em gráficos tempo *versus* recalque. O primeiro cuidado a ser tomado é o da escolha da posição do *bench mark*, que necessariamente deve ficar posicionado em local não afetado pelos eventuais deslocamentos medidos e não deve apresentar nenhum tipo de deslocamento relativo. Os pontos de medição também devem ser escolhidos de forma a facilitar as leituras e fornecer os dados necessários ao acompanhamento ou à solução do problema suscitado. A periodicidade das medidas é relacionada com os efeitos que devem ser acompanhados. Podem ser diários em casos especiais ou situações de risco, semanais nos casos de etapas de escavações e execução de tirantes para verificação e controle de seus efeitos, mensais ou bimensais como condição de rotina, ou semestrais ou anuais quando os efeitos a serem verificados são de longo prazo.

8 | Deslocamentos dos vizinhos: acompanhamento × danos

Fig. 8.5 *Base de régua Invar*

(A)

Quadro de controle de recalques

Pinos	Data 08/07/97 Leitura n° 1 Cota de referência (m)	Data 29/04/98 Leitura n° 32 Cota de observada (m)	ΔT_p = dias 7 Recalque parcial (mm)	ΔT_T = dias 295 Recalque total (mm)	Velocidade de recalque (μm/dia)	Data 08/07/97 Leitura n° 33 Cota de observada (m)	ΔT_p = dias 7 Recalque parcial (mm)	ΔT_T = dias 295 Recalque total (mm)	Velocidade de recalque (μm/dia)
P1	7,6239	7,6121	0,3	11,8	43	7,6121	0,0	11,8	0
P2	7,6248	7,6103	0,0	14,5	0	7,6100	0,3	14,8	43
P3	7,6106	7,5947	0,2	15,9	29	7,5944	0,3	16,2	43
P4	7,6008	7,5856	0,1	15,2	14	7,5853	0,3	15,5	43
P5	7,5934	7,5775	0,0	15,9	0	7,5771	0,4	16,3	57

BM-1 *(bench-mark)* - cota = 2,0000m
Prédio "A"   Anexo 1

Local: Porto Alegre / RS	Eng°	Calc.	Folha n° 1	Ref.
	Data 06/05/98	Rel.		

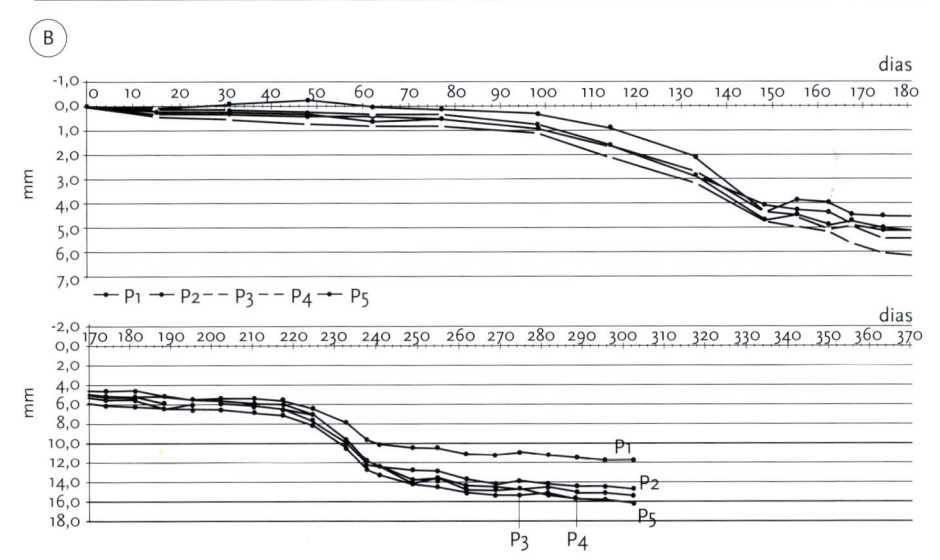

(B)

Fig. 8.6 *(A) Planilha de resultados de controle de recalques e (B) apresentação da evolução das medições em gráfico tempo versus recalque*

Tão importante quanto o valor absoluto dos recalques medidos é sua velocidade de ocorrência. A unidade na qual se explicita a velocidade é micras/dia, µ/dia, que representa milésimo de milímetro por dia, indicando a tendência dos deslocamentos.

Os valores observados na prática dependem de inúmeros fatores, e o mais relevante deles é o comportamento do solo sob carga. Como indicação genérica de valores usuais, referem-se os seguintes:

- prédios com mais de cinco anos, velocidade menor que 10 µ/dia;
- prédios entre um e cinco anos, entre 10 µ/dia e 20 µ/dia;
- prédios em fundações diretas, fase construtiva, até 200 µ/dia;
- prédios em fundações profundas, fase construtiva, até 80 µ/dia.

Nos casos de controle realizado para acompanhamento do efeito de escavação próxima, os valores são muito variados em função, entre outros, do solo sendo escavado, do tipo e da geometria da fundação sobre a qual se apoia a estrutura, da magnitude da escavação, da velocidade e da qualidade de execução e do tipo de escoramento. Os valores a seguir são indicados como orientação geral (Milititsky, 2000):

- até 50 µ/dia: seguro;
- até 80 µ/dia a 100 µ/dia e atenuando: razoável, usual;
- entre 100 µ/dia e 200 µ/dia e constantes: necessária a adoção de medidas corretivas no processo executivo, cautela e aumento da regularidade de medidas;
- acima de 200 µ/dia: situação de urgência, reaterro ou adoção de medidas cautelares;
- acima de 400 µ/dia: emergência e risco de acidente.

É importante ressaltar que podem ser observados valores diários elevados, que a magnitude isoladamente não é um indicador absoluto a considerar e que a tendência, ou seja, a aceleração, a constância ou a redução, é aspecto fundamental. As medições devem ser acompanhadas imediatamente pelos executantes dos serviços e pelo projetista para a tomada de decisão.

A Tab. 8.1 apresenta recomendações de recalques máximos indicadas por diferentes autores.

8.2 Controle de verticalidade

Quando se executam escavações nas proximidades de edificações, é possível a realização de controle de verticalidade dos prédios como forma de acompanhamento dos efeitos produzidos. Trata-se de leitura periódica de verticalidade realizada com aparelho topográfico de precisão, sempre nos mesmos pontos, resultando em planilhas e gráficos (Fig. 8.7).

8 | Deslocamentos dos vizinhos: acompanhamento × danos

Tab. 8.1 Recomendações de recalques máximos indicadas por diferentes autores

Tipo de fundação	Solo	Recalque total (cm)	Recalque diferencial (cm)	Nota
Sapatas isoladas	Areia	2,5	2,0	Terzaghi e Peck (1967)
		5,0	3,0	Skempton e McDonald (1957)
		3,0	-	JSA (1988)
Sapatas isoladas	Argila	7,5	-	Skempton e McDonald (1957)
		10,0	-	JSA (1988), AIROC (1989)
Fundação em radier	Areia	5,0	2,3	Terzaghi e Peck (1967)
		5,0-7,5	3,0	Skempton e McDonald (1957)[1]
		6,0-8,0	-	JSA (1988)
		-	3,0	Grant, Christian e Vanmarcke (1974)[2]
Fundação em radier	Argila	7,5-12,5	4,5	Skempton e McDonald (1957)[1]
		20,0-30,0	-	JSA (1988), AIROC (1989)
		-	5,6	Grant, Christian e Vanmarcke (1974)[2]

Notas:
[1] Correspondente à distorção angular de 1/300.
[2] Correspondente à distorção angular de 1/300.

Vértice	Data 12/12/97 Leitura n° 01 Leitura de referência (m)	Data 29/04/98 Leitura n° 23 Leitura observada (m)	AT_p = dias 7 Deslocamento parcial (mm)	AT_T = dias 138 Deslocamento total (mm)	Data 06/05/98 Leitura n° 24 Leitura observada (m)	AT_p = dias 7 Deslocamento parcial (mm)	AT_T = dias 145 Deslocamento total (mm)
V1	0,0250	0,0320	0,0	7,0	0,0310	-1,0	6,0
V2	0,0000	0,0030	0,0	3,0	0,0150	0,0	3,0
V3	0,0040	0,0120	-4,0	8,0	0,0150	3,0	11,0

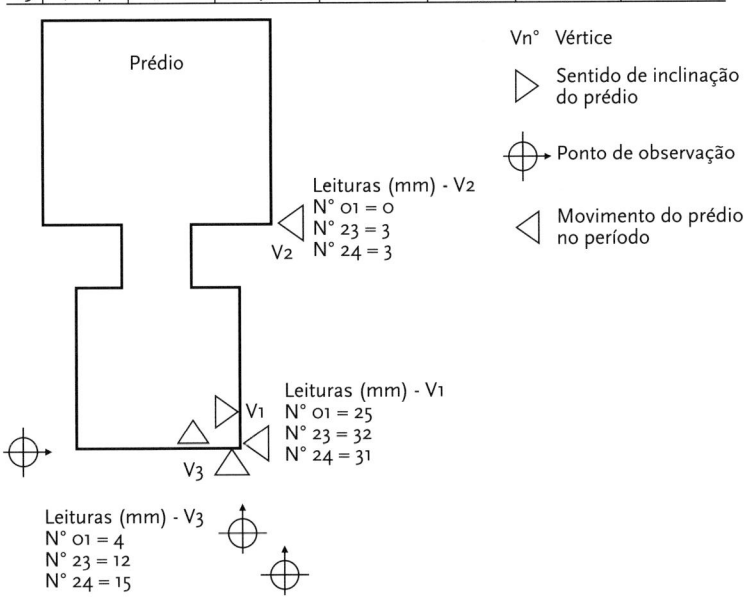

Prédio

Vn° Vértice

▷ Sentido de inclinação do prédio

⊕ Ponto de observação

◁ Movimento do prédio no período

Leituras (mm) - V2
N° 01 = 0
V2 N° 23 = 3
N° 24 = 3

Leituras (mm) - V1
V1 N° 01 = 25
N° 23 = 32
V3 N° 24 = 31

Leituras (mm) - V3
N° 01 = 4
N° 23 = 12
N° 24 = 15

Fig. 8.7 *Planilhas e localização de medições com leitura periódica de verticalidade realizada com aparelho topográfico de precisão*

O trabalho deve ser realizado com muito cuidado e de forma criteriosa, para não produzir resultados incoerentes. Sempre mais de uma direção e todas as paredes opostas devem ser objeto das medições, para evitar conclusões equivocadas. A leitura inicial deve ser realizada antes do início das atividades cujos efeitos se querem avaliar. Com base em valores iniciais de desaprumo, não necessariamente provocados pela escavação, mas resultantes de problemas construtivos da própria obra observada, as leituras posteriores são comparadas e analisadas em face dos efeitos da escavação. No monitoramento, devem ser considerados os efeitos da temperatura nos elementos da construção, sendo preferível que as leituras sejam sempre realizadas pelo mesmo operador, na mesma hora, caso contrário pode haver uma superposição de efeitos de difícil avaliação.

Os resultados das medições devem ser submetidos imediatamente aos profissionais envolvidos para que eventuais efeitos nocivos ou o agravamento de risco sejam imediatamente identificados.

8.3 Controle de fissuras

Outra maneira usual de acompanhamento de patologias é o controle sistemático de abertura e extensão de trincas, como forma de caracterizar a gravidade do problema e seu aspecto ativo ou sua estabilização. As medidas podem ser realizadas com paquímetros ou fissurômetros.

Os resultados devem ser apresentados preferencialmente na forma de estereogramas, para melhor caracterizar a tipologia da patologia, e tabelas de progressão sistemática dos valores medidos.

É importante o acompanhamento da progressão das trincas e sua dimensão, havendo várias propostas de descrição de sua severidade na prática inglesa. A análise da gravidade ou da origem de trincamento em edificações não é trivial, pela usual complexidade que envolve o comportamento dos materiais, sua conectividade e possíveis origens e causas. O trincamento em elementos portantes ou sua progressão são indicadores de risco e devem ter tratamento emergencial, com participação de especialista.

8.4 Danos

Os estudos clássicos sobre recalques admissíveis são relacionados com os deslocamentos provocados pelo seu peso próprio e carregamento. Trabalhos específicos sobre a resposta de edificações a movimentos devidos à mineração, a túneis e a grandes escavações demonstraram a importância das deformações horizontais de tração (εh), do padrão do desenvolvimento do movimento no solo, do tamanho e da localização da edificação com relação ao perfil de recalques provocados, do tipo de edificação,

8 | Deslocamentos dos vizinhos: acompanhamento × danos

do número de pavimentos e dos detalhes estruturais (National Coal Board, 1975; Geddes, 1984; Boscardin; Cording, 1989; Boone, 1996, 2001; Elshafie, 2008; Finno; Bryson; Calvello, 2002; Finno; Calvello; Bryson, 2002; Lee et al., 2007; Moormann, 2004; Moormann; Moormann, 2002; Son; Cording, 2005; Laefer, 2001; Boscardin, 2003). Existe farta publicação de casos na literatura relatando situações com danos obtidos (Aye; Karki; Schulz, 2006; Burland, 1995; Cording et al., 2010).

Uma questão de difícil resposta é: qual o nível de deslocamento de uma edificação que pode ser definido como causador de dano?

Uma proposta de relação entre nível de dano e deformações horizontais é a de Laefer (2001), mostrada na Tab. 8.2.

O acompanhamento do desenvolvimento dos efeitos por meio de cuidadoso controle de recalques, desaprumo e fissuras é essencial. Na Tab. 8.3 são listadas indicações de dano visível em alvenarias de acordo com a proposta do National Coal Board (1975), Boscardin e Cording (1989), Burland (1995) e CIRIA (2003). O Quadro 8.1, por sua vez, exibe a experiência inglesa de classificação de danos em edifícios segundo Thorburn e Hutchinson (1985).

Tab. 8.2 Relação entre nível de dano e deformações horizontais

Categoria de dano	Grau de severidade	Limite de deformação em tração (%)
0	Desprezível	0-0,050
1	Muito pequeno	0,050-0,075
2	Pequeno	0,075-0,150
3	Moderado	0,150-0,300
4	Alto a muito alto	>0,300

Tab. 8.3 Classificação de danos em paredes

Classe de danos	Descrição de danos	Largura aproximada das trincas (mm)	Limite de deformação por tração (%)
Desprezíveis	Trincas capilares	< 0,1	0-0,05
Muito pequenos	Trincas estreitas de fácil reparo. Trincas na alvenaria externa, visíveis sob inspeção detalhada	< 1	0,05-0,075
Pequenos	Trincas facilmente preenchidas. Várias fraturas pequenas no interior da edificação. Trincas externas visíveis e sujeitas à infiltração. Portas e janelas emperrando um pouco nas esquadrias	< 5	0,075-0,15
Moderados	O fechamento das trincas requer significativo preenchimento. Talvez seja necessária a substituição de pequenas áreas de alvenaria externa. Portas e janelas emperradas. Redes de utilidade podem estar interrompidas	5 a 15 ou várias trincas com mais de 3 mm	0,15-0,3

Tab. 8.3 CLASSIFICAÇÃO DE DANOS EM PAREDES (CONT.)

Classe de danos	Descrição de danos	Largura aproximada das trincas (mm)	Limite de deformação por tração (%)
Severos	Necessidade de reparos envolvendo a remoção de pedaços de parede, especialmente sobre portas e janelas substancialmente fora do esquadro. Paredes fora do prumo, com eventual deslocamento de vigas de suporte. Utilidades interrompidas	15 a 25 e também em função do número de trincas	> 0,3
Muito severos	Reparos significativos envolvendo a reconstrução parcial ou total. Paredes requerem escoramento. Janelas quebradas. Perigo de instabilidade	Usualmente, > 25, mas depende do número de trincas	-

Fonte: National Coal Board (1975), Boscardin e Cording (1989), Burland (1995), CIRIA (2003).

Quadro 8.1 EXPERIÊNCIA INGLESA DE CLASSIFICAÇÃO DE DANOS EM EDIFÍCIOS

Abertura de fissura (mm)	Grau de dano			Efeito na estrutura e no uso da edificação
	Residencial	Comercial ou público	Industrial	
< 0,1	Insignificante	Insignificante	Insignificante	Nenhum
0,1 a 0,3	Muito leve	Muito leve	Insignificante	Nenhum
0,3 a 1	Leve	Leve	Muito leve	Estético apenas
1 a 2	Leve a moderado	Leve a moderado	Muito leve	Estético. Acelera efeitos da ação climática externa
2 a 5	Moderado	Moderado	Leve	O uso da edificação será afetado; valores no limite superior podem pôr em risco a estabilidade
5 a 15	Moderado a severo	Moderado a severo	Moderado	
15 a 25	Severo a muito severo	Severo a muito severo	Severo a muito severo	
> 25	Muito severo a perigoso	Severo a perigoso	Severo a perigoso	Cresce o risco de a estrutura tornar-se perigosa

Fonte: Thorburn e Hutchinson (1985).

A Fig. 8.8 apresenta a proposta de relação entre dano provocado nas edificações e deslocamentos induzidos por escavações.

8.4.1 Fotos de danos em vizinhos

Nas Figs. 8.9 a 8.14 apresentam-se danos causados em edificações vizinhas em decorrência de escavações com problemas, causando deslocamentos indesejáveis, e suas repercussões nas estruturas e na massa de solo.

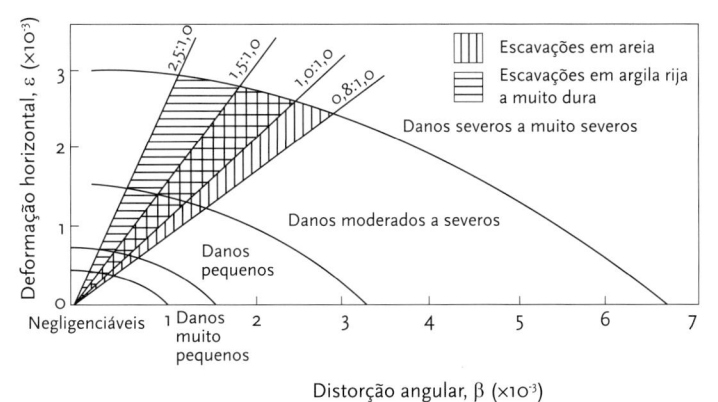

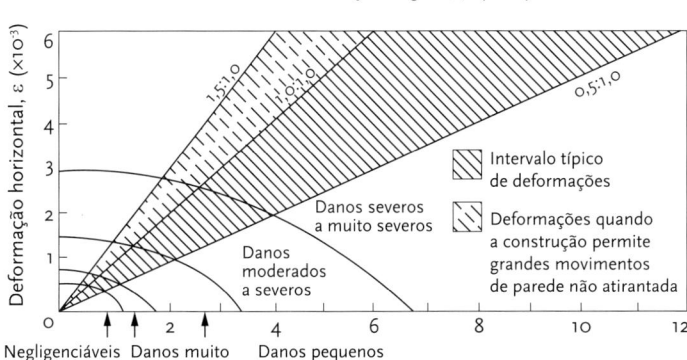

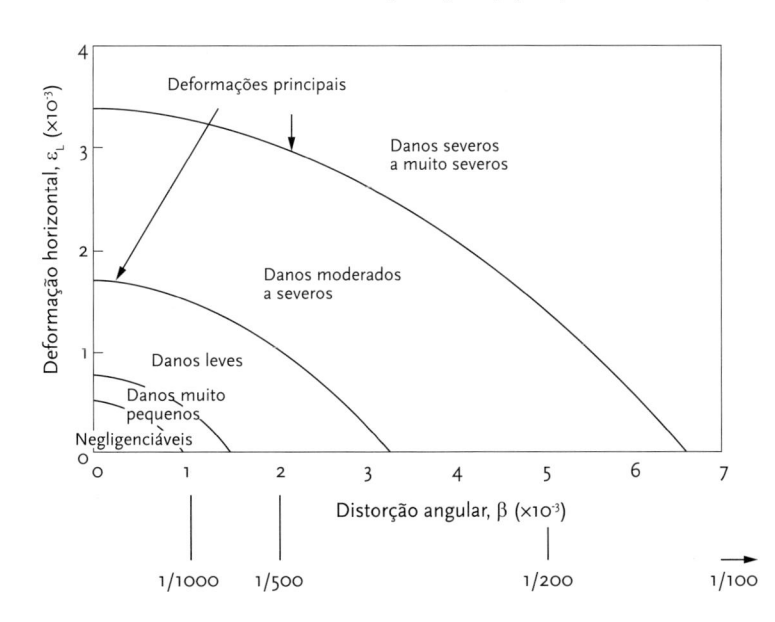

8 | Deslocamentos dos vizinhos: acompanhamento × danos

Fig. 8.8 *Relações entre dano provocado nas edificações e deslocamentos induzidos por escavações Fonte: Boscardin e Cording (1989) e Cording et al. (2010).*

Fig. 8.9 *Afundamento e deslocamento horizontal do maciço em virtude do deslocamento de parede diafragma contígua*

Fig. 8.10 *Afundamento de piso em virtude da movimentação da massa de solo junto à parede diafragma durante escavação*

Fig. 8.11 *Trinca em piso e descolamento de alvenaria produzidos por escavação excessiva junto à parede diafragma*

Fig. 8.12 *Trinca provocada por movimentação de parede em escavação contígua*

Fig. 8.13 *Efeito de deslocamentos provocados por escavação em alvenaria vizinha*

Fig. 8.14 *Efeito de escavação contígua à estrutura com enorme repercussão*

8 | Deslocamentos dos vizinhos: acompanhamento × danos

As Figs. 8.15 a 8.23 mostram uma sequência de *croquis* e fotos de uma parede diafragma projetada com berma e cuja execução não seguiu o projeto. Uma forte precipitação resultou no seu colapso.

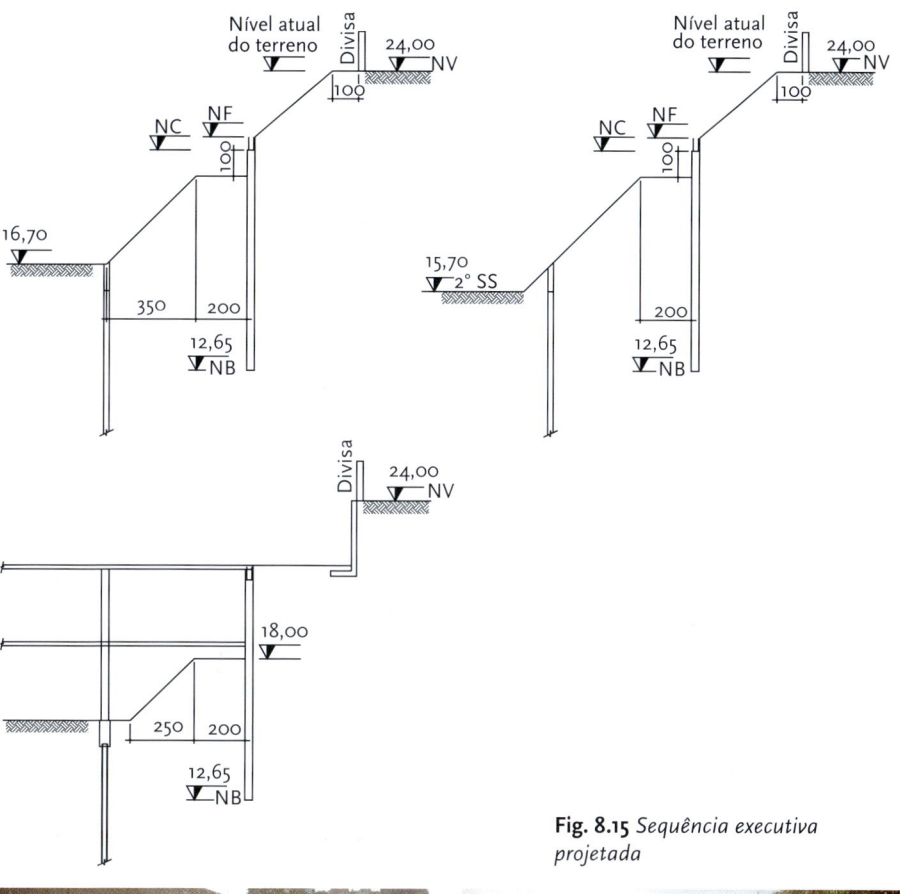

Fig. 8.15 *Sequência executiva projetada*

Fig. 8.16 *Situação executada em desacordo com o projeto, com bermas de seção reduzida*

Fig. 8.17 *Situação da berma pós-temporal com precipitação intensa*

Fig. 8.18 *Trincas na alvenaria do vizinho provocadas pelo início de deslocamento da parede diafragma*

Fig. 8.19 *Separação do piso do vizinho em virtude do deslocamento da massa de solo*

Fig. 8.20 *Ruptura da parede e colapso geral da contenção*

Fig. 8.21 *Colapso da parede diafragma*

Fig. 8.22 *Visão geral do problema pós-acidente*

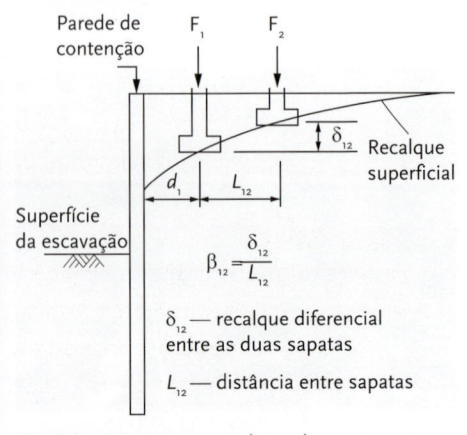

$\beta_{12} = \dfrac{\delta_{12}}{L_{12}}$

δ_{12} — recalque diferencial entre as duas sapatas

L_{12} — distância entre sapatas

Fig. 8.23 *Distorções angulares de sapatas próximas a uma escavação*

9
Recomendações

Para a realização segura de escavação de porte em perímetro urbano em todas as suas etapas, é oportuno indicar as seguintes condições e cuidados a serem observados. A adoção ou não das recomendações estará vinculada à complexidade do desafio a ser enfrentado, mas acreditamos que o simples conhecimento desses aspectos pode servir de guia para a adoção de práticas e técnicas boas e seguras:

- A condição de complexidade envolvida na solução de problemas de grandes escavações em perímetro urbano implica a necessidade do envolvimento de profissionais com várias especialidades (equipe incluindo projetista geotécnico, projetista estrutural, executantes dos serviços especializados projetados, empreiteiro de escavação, empresa de instrumentação e controle, fiscalização, entre outros).
- A sintonia e a permanente comunicação entre os integrantes da equipe são essenciais para o sucesso em face dos desafios a serem enfrentados.
- É altamente desejável a realização de encontro prévio envolvendo o proprietário, projetistas, contratantes e fiscalização, com a finalidade de sintonizar todos os envolvidos com o partido geral da solução e identificar os aspectos relevantes de segurança, bem como os procedimentos de fluxo de informações, especialmente as referentes à instrumentação e ao controle.
- Entre as variáveis desconhecidas na solução do problema condicionantes de qualquer solução, incluem-se o solo a ser escavado, as eventuais interferências, as condições das edificações e serviços vizinhos, a presença de água e a contaminação do solo, que devem ser objeto de investigação preliminar à elaboração da solução.

- A campanha de investigação do solo deve ser encarada como investimento, e não como custo; de sua qualidade e representatividade dependem a adequação das soluções adotadas e a segurança do projeto.
- As escolhas ou decisões de projeto referentes ao tipo de estrutura de contenção e método construtivo, à forma de implantação (de baixo para cima ou de cima para baixo – *bottom-up* ou *top-down*) e à solução de fundações para as cargas estruturais internas e a contenção da água no período construtivo e permanente são fruto das condições e circunstâncias de cada caso, não havendo soluções universais.
- A solução do problema de projeto e execução de escavações em perímetro urbano não é obtida pelo uso rígido de normas ou diretrizes, e sim pelo trabalho integrado de equipe multidisciplinar, resultando em sucesso e segurança.
- O projeto ideal é aquele que atende às condições de segurança e mínimo efeito nos vizinhos, com custo mínimo, utilizando técnicas e equipamentos disponíveis.
- Além dos conhecimentos geotécnicos fundamentais e referidos às questões de reconhecimento dos perfis e propriedades dos solos e suas condições, presença de água, cálculo das solicitações e empuxos, estabilidade, estruturais, entre outros, é necessário usar experiência e empirismo em várias etapas do processo.
- A elaboração do projeto, que envolve desde a determinação das propriedades do solo, o uso de métodos de análise para o cálculo das reações no escoramento e o dimensionamento da parede de contenção considerando a sequência construtiva e na condição final de apoio na estrutura, até o dimensionamento do escoramento (tirantes), deve incluir a previsão dos recalques e seus efeitos nas estruturas e serviços vizinhos.
- O avanço no desenvolvimento das ferramentas numéricas de análise e dimensionamento constitui valioso auxílio nas etapas de análise e projeto, permitindo a comparação de diferentes opções e detalhes. Essas ferramentas devem ser utilizadas sempre que a complexidade do caso, deslocamentos provocados ou diferença de soluções precisem ser investigados. Recomenda-se, entretanto, que não constituam ferramenta única na solução do problema, devendo sempre ser complementares à análise clássica e comparadas com soluções anteriores bem-sucedidas em problemas similares.
- Experiência anterior documentada constitui valiosa informação e deve ser utilizada sempre. Na publicação CIRIA (2003) podem ser encontradas em

9 | Recomendações

detalhe as diversas abordagens do problema, sendo ali referido de forma judiciosa que:

> métodos mais simples, com propriedades do solo bem representativas do problema em pauta, são mais confiáveis que métodos complexos e sofisticados (método dos elementos finitos tridimensional, por exemplo) quando não se dispõe de dados representativos ou confiáveis.

- Considerando que os recalques na vizinhança resultantes de escavação são influenciados pela variação de tensões devido à escavação, pela resistência e rigidez do solo, pela variação das condições do lençol freático, pela rigidez da parede e do sistema de suporte, pela forma e dimensão da escavação, e por outros efeitos, tais como preparação do local, execução de fundações profundas etc., bem como são influenciados de forma significativa pela qualidade executiva dos serviços, esses aspectos devem ser considerados na elaboração do projeto, na escolha das soluções e dos executantes e no controle de execução da obra.
- Durante a construção existem cuidados específicos que podem resultar no sucesso ou em dificuldades na obra, com implicações sérias, tais como:
  - O planejamento das várias atividades que concorrem para a implantação de subsolo, usualmente envolvendo contratantes diferentes, é essencial ao bom desenvolvimento das atividades (sintonia).
  - Escavação das lamelas – limpeza de fundo – ou uso de estacas secantes: a implantação das lamelas da parede diafragma até a profundidade de projeto deve ser objeto de análise conjunta entre a equipe de projeto e o executante. Previsão de uso de ferramentas adequadas, sistemas compatíveis com os materiais existentes ou necessidade de execução de pré-furo constituem importante decisão anterior ao início dos trabalhos.
  - Concretagem e juntas entre painéis usualmente não são objeto de recomendação dos projetistas, mas são detalhes importantes no desempenho das soluções e devem ser avaliadas pelo executante.
  - Quanto aos escoramentos (tirantes): desempenho, prazos e sequências construtivas, trechos a escavar para a implantação dos tirantes, cotas máximas de escavação, bermas, entre outros, devem ser objeto de especificação de projeto e seguidos à risca, com registro da fiscalização. O desempenho de todos os tirantes executados deve ser objeto de comprovação em ensaios.

- Eventuais alterações de procedimentos decorrentes de condições na obra diferentes das projetadas somente deverão ser implementadas após avaliação, aprovação e emissão de concordância pelo projetista.
- O controle de deslocamentos da vizinhança deve ser realizado, com o uso de procedimentos para controle de recalques, controle de verticalidade, quando necessário, e controle de fissuras, quando ocorrem e são significativas.
- Não existem critérios absolutos de aceitabilidade ou segurança quanto a recalques admissíveis decorrentes de escavações, nem de velocidade de recalques seguros, mas indicações são feitas e podem servir de recomendação inicial.
- É de absoluta importância a comunicação permanente entre todos os participantes, especialmente na etapa de implantação dos serviços, e a tomada de decisões imediatas ao ser constatada falha construtiva ou sinalização de risco ou mau desempenho no acompanhamento do desenvolvimento dos serviços.
- A instrumentação disponível, nem sempre utilizada na rotina de Engenharia, é extremamente importante no acompanhamento das etapas construtivas, seja para confirmar as premissas de projeto, seja para fornecer dados essenciais sobre a segurança dos trabalhos.
- As referências bibliográficas indicadas ao fim do livro constituem valiosa fonte de consulta para o aprofundamento dos itens apresentados nesta publicação.
- Finalmente, cita-se a manifestação de Puller (2003):

> Engenharia é a arte de modelagem de materiais cujo comportamento não compreendemos, existente em formas que são impossíveis de analisar de maneira precisa, de forma a obter forças atuantes, de modo tal que o público não tenha motivos para suspeitar a extensão de nossa ignorância.

Bibliografia

AAS, G. Stability problems in deep excavation in clay. In: INTERNATIONAL CONFERENCE ON CASE HISTORIES IN GEOTECHNICAL ENGINEERING, 1984, Saint Louis, Missouri. *Proceedings...* Saint Louis, Missouri: 1984. v. 1, p. 315-323.

AASHTO. *LRFD Bridge design specification*. 7. ed. Atlanta: AASHTO Publications, 2014.

ABNT – ASSOCIAÇÃO BRASILEIRA DE NORMAS TÉCNICAS. *NBR 9061*: segurança de escavação a céu aberto: procedimento. Rio de Janeiro, 1985.

ABNT – ASSOCIAÇÃO BRASILEIRA DE NORMAS TÉCNICAS. *NBR 5629*: execução de tirantes ancorados no terreno. Rio de Janeiro, 2006.

ABNT – ASSOCIAÇÃO BRASILEIRA DE NORMAS TÉCNICAS. *NBR 6122/2010*: projeto e execução de fundações. Rio de Janeiro, 2010.

AIROC – ARCHITECTURE INSTITUTE OF THE REPUBLIC OF CHINA. *Specification for the design of Building Foundation*. 1989.

ALMEIDA, M. S. S.; EHRLICH, M.; CARIN, P. R. V.; SOARES, M. M.; LACERDA, W. A.; VELLOSO, D. A. Discussion in the movements and stability of subway excavation in Rio de Janeiro. In: PANAMERICAN CONFERENCE ON SOIL MECHANICS AND FOUNDATION ENGINEERING, 6., 1979, Lima.

ANDERSON, J. B.; TOWNSEND, F. C.; GRAJALES, B. Case histories evaluation of laterally loaded piles. *Journal of Geotechnical & Geoenvironmental Engineering*, ASCE, v. 129, n. 3, p. 187-196, 2003.

ATKINSON, J.; SALLFORS, G. Experimental determination of stress-strain-time characteristics in laboratory and in-situ tests. In: ECSMFE – EUROPEAN CONFERENCE ON SOIL MECHANICS & FOUNDATION ENGINEERING, 10., 1991, Florence.

AYE, Z. Z.; KARKI, D.; SCHULZ, C. Ground movement prediction and building damage risk-assessment for the deep excavations and tunneling works in Bangkok subsoil. In: INTERNATIONAL SYMPOSIUM ON UNDERGROUND EXCAVATION AND TUNNELLING, Feb. 2006, Bangkok, Thailand.

BAGUELIN, F.J.; JEZEQUEL, J. F.; SHIELDS, D. H. *The pressuremeter and foundation engineering*: rock and soil mechanics series. Pfaffikon, Switzerland: Trans Tech Publications, 1978.

BALDI, G.; BELLOTTI, R.; GHIONNA, V. JAMIOLKOWSKI, M.; PASQUALINI, E. Cone resistance of a dry medium sand. In: ICSMFE – INTERNATIONAL CONFERENCE ON SOIL MECHANICS AND FOUNDATION ENGINEERING, 10., 1981.

BALDI, G.; BELLOTTI, R.; GHIONNA, V.; JAMIOLKOWSKI, M.; LO PRESTI, D. F. Modulus of sands from CPT and DMTs. In: ICSMFE – INTERNATIONAL CONFERENCE ON SOIL MECHANICS AND FOUNDATION ENGINEERING, 12., 1989.

BISHOP, A. W. Test requirements for measuring the coefficient of earth pressure at rest. In: CONFERENCE ON EARTH PRESS, 1958, Brussels, Illinois. *Proceedings...* Brussels, Illinois: 1958. v. 1, p. 2-14.

BJERRUM, L.; EIDE, O. Stability of Strutted excavation in clay. *Géotechnique*, v. 6, n. 1, p. 32-47, 1956.

BJERRUM, L.; ANDERSEN, K. H. In-situ measurement of lateral pressures in clay. In: EUROPEAN CONFERENCE OF SOIL MECHANICS AND FOUNDATION ENGINEERING, 5., 1972, Madrid. Proceedings... Madrid: 1972. v. 1, p. 11-20.

BOLTON, M. D.; LAM, S. Y.; OSMAN, A. S. Supporting excavations in clay: from analysis to decision-making. In: NG, C. W. W.; HUAN, H. W.; LIU, C. B. (Eds.). INTERNATIONAL SYMPOSIUM ON GEOTECHNICAL ASPECTS OF UNDERGROUND CONSTRUCTION IN SOFT GROUND, 6., 10-12 Apr. 2008, Shanghai. Proceedings... London: Taylor & Francis Group, 2008.

BOONE, S. J. Ground movement related building damage. *Journal of Graphic Engineering and Design*, ASCE – American Society of Civil Engineers, New York, v. 122, n. 11, p. 886-896, 1996.

BOONE, S. J. Assessing construction and settlement-induced building damage: a return to fundamental principles. In: UNDERGROUND CONSTRUCTION, 2001, London. Proceedings... London: Institution of Mining and Metallurgy, 2001. p. 559-570.

BOONE, S. J.; WESTLAND, J.; NUSINK, R. Comparative evaluation of building responses to an adjacent braced excavation. *Canadian Geotechnical Journal*, v. 36, n. 2, p. 210-223, 1999.

BOSCARDIN, M. D. Building response to construction activities. In: EARTH RETAINING SYSTEMS, 2003, New York. Proceedings... New York: ASCE – American Society of Civil Engineers, May 2003. p. 171-188.

BOSCARDIN, M. D.; CORDING, J. C. Building response to excavation-induced settlement. *Journal of Geotechnical Engineering*, ASCE – American Society of Civil Engineers, v. 115, n. 1, p. 1-21, 1989.

BOWLES, J. E. *Foundation analysis and design*. 5. ed. Columbus, Ohio: McGraw-Hill Book Co., 1997.

BRASSINGA, H. E.; TOL, A. F. van. Deformation of a high rise building adjacent to a strutted diaphragm wall. In: EUROPEAN CONFERENCE OF SOIL MECHANICS AND FOUNDATION ENGINEERING, 10., 1991, Florence. Florence: A. A. Balkema, 1991. p. 787-790.

BRE. *Assessment of damage in low-rise building*: concise reviews of building technology. Garston, Watford, England: BRE Digest, 1995.

BURLAND, J. B. Assessment of risk of damage to buildings due to tunneling and excavations: invited special lecture to IS-Tokyo 95. In: INTERNATIONAL CONFERENCE ON EARTHQUAKE GEOTECHNICAL ENGINEERING, 1., 1995, Tokyo.

CASPE, M. S. Surface settlement adjacent to braced open cuts. *Journal of Soil Mechanics and Foundation division*, ASCE – American Society of Civil Engineers, v. 92, n. SM4, p. 51-59, 1996.

CHANG, M. F. Basal stability analysis of braced cuts in clay. *Journal of Geotechnical and Geological* Engineering, ASCE, v. 126, n. 3, p. 276-279, Mar. 2000.

CHAO, H. C.; HWANG, R. N.; CHIN, C. T. Influence of tip movements on inclinometer readings and performance of diaphragm walls in deep excavations. In: EARTH RETENTION CONFERENCE – ER2010, Bellevue, Washington, p. 326-333.

CHAPMAN, G. A.; DONALD, I. B. Interpretation of static penetration test in sand. In: ICSMFE – INTERNATIONAL CONFERENCE ON SOIL MECHANICS AND FOUNDATION ENGINEERING, 10., 1981, Stockholm. Proceedings... Stockholm: Rotterdam Publications, 1981.

CHARLES, J. A.; SKINNER, H. D. Settlement and tilt of low-rise buildings. *Geotechnical Engineering*, Institution of Civil Engineers, v. 157, n. GE2, p. 65-75, 2004.

CHOU, H. L.; OU, C. Y. Boiling failure and resumption of deep excavation. *Journal of Performance of Constructed Facilities*, ASCE – American Society of Civil Engineers, v. 13, n. 3, p. 114-120, 1999.

CHU, H. L.; CHOU, L. M. Building correction near the construction of Taipei rapid transit system. *Sino-Geotechnics*, n. 66, p. 75-84, 1989.

CIRIA. *Prop loads*: guidance on design. CIRIA C517. Authors: TWINE, D.; ROSCOE, H. London, 1997.

CIRIA. *Prop loads*: in large braced excavations. London, 1999.

CIRIA. *Embedded retaining walls*: guidance for economic design. CIRIA C580. Authors: GABA, A. R.; SIMPSON, B.; POWRIE, W.; BEADMAN, D. R. London, 2003.

CLAYTON, C. R. I. *Managing geotechnical risk*: improving productivity in UK building and construction. London: Thomas Telford, 2001.

CLAYTON, C. R. I.; MILITITSKY, J.; WOODS, R. I. *Earth pressure and earth-retaining structures*. 2. ed. London: Blackie Academic and Professional, 1983.

CLAYTON, C. R. I.; MILITITSKY, J.; WOODS, R. I. *Earth pressure and earth-retaining structures*. 2. ed. London: CRC, 1993.

CLAYTON, C. R. I.; WOODS, R. I.; BOND, A. J.; MILITITSKY, J. *Earth pressure and earth-retaining structures*. 3. ed. Boca Raton: CRC Press, 2014.

CLOUGH, G. W.; O'ROURKE, T. D. Construction induced movements of in situ walls. In: CONFERENCE ON DESIGN AND PERFORMANCE OF EARTH RETAINING STRUCTURES, 1990, Ithaca, New York. *Proceedings...* Ithaca, New York: ASCE – American Society of Civil Engineers, 1990. p. 439-470. Geotechnical Special Publication 25.

CLOUGH, G.W.; SMITH, E.M.; SWEENEY, B. P. Movement control of excavation support system by iterative design. In: KULHAWY, F. H. *Foundation engineering*: current practices and principles. ASCE – American Society of Civil Engineers, 1989. v. 12, p. 869-884. Geotechnical Special Publication 22.

COOKE, D. K. Robotic total stations and remote data capture: challenges in construction. *Geotechnical Instrumentation News*, Dec. 2006.

CORDING, E. J.; LONG, J. L.; SON, M.; LAEFER D.; GHAHREMAN, B. Assessment of excavation-induced building damage. In: EARTH RETENTION CONFERENCE – ER2010, 2010, Washington. Washington, 2010. p. 1o1-120.

COSTA NUNES, A. J. First Casagrande lecture: ground presstressing. In: PCSMFE – PANAMERICAN CONFERECE ON SOIL MECHANICS ANF FOUNDATION ENGINEERING, 8., 1987, Cartagena, Colombia.

COSTA NUNES, A. J.; DRINGEMBERG, G. E. Double anchored tieback to avoid deformation. In: ICSMFE – INTERNATIONAL CONFERENCE ON SOIL MECHANICS AND FOUNDATION ENGINEERING, 1o., 1981, Stockholm, Sweden.

COSTA NUNES, A. J.; MOLINA, H. T.; GUSSO, L. G. Desempenho das ancoragens de reforço da Barragem do Anel de Dom Marco. In: SEMINÁRIO NACIONAL DE GRANDES BARRAGENS, 11., 1976, Fortaleza.

COSTA NUNES, A. J.; COSTA, R. J. A.; RAUSA, E. P. High capacity load test on large diameter piles. In: ICSMFE – INTERNATIONAL CONFERENCE ON SOIL MECHANICS AND FOUNDATION ENGINEERING, 9., 1977, Tokyo.

D'APPOLONIA, D.; D'APPOLONIA, E.; BRISSETTE, R. Settlement of spread footing in sands. *JSMFD – Journal of Soil Mechanics and Foundation Division*, ASCE – American Society of Civil Engineers, v. 96, 1970.

DAVIES, R. V.; HENKEL, D. Geotechnical problems associated with the construction of Chater Station, Honk Kong. *The Arup Journal*, v. 17, n. 1, p. 4-1o, 1982.

DFI – DEEP FOUNDATIONS INSTITUTE. *Slurry wall committee, industry practice guidelines for structural slurry walls*. Ed. Poletto, R. J. et al. Hawthorne, New Jersey, 2005. Pub. TM-SLW1-1.

DUNCAN, J. M.; CHANG, C. Y. Nonlinear analysis of stress and strain in soils. *JSMFD – Journal of Soil Mechanics and Foundation Division*, ASCE – American Society of Civil Engineers, 1970.

DURGUNOGLU, H. T.; MITCHELL, J. K. Static penetration resistance of soils. *JSMFD – Journal of Soil Mechanics and Foundation Division*, ASCE – American Society of Civil Engineers, 1975.

EFFC/DFI. *Best practice guide to tremie concrete for deep foundations*. Bromley, England: EFFC/DFI Concrete Task Group, 2016.

EIDE, O.; AAS, G.; JOSANG, T. Special application of cast- in- place walls for tunnels in soft clay in Oslo. In: EUROPEAN CONFERENCE ON SOIL MECHANICS AND FOUNDATION ENGINEERING, 5., 1972, Madrid. Madrid: 1972, v. 1, p. 484-498.

EISENSTEIN, Z.; NEGRO, A. Excavations and tunnels in tropical lateritic and saprolitic soils. General Report. In: INTERNATIONAL CONFERENCE ON GEOMECHANICS IN TROPICAL LATERITIC AND SAPROLITIC SOILS, 1., 1985, Brasília; Proceedings... Brasília: 1985. v. 4, p. 299-331.

ELSHAFIE, M. Z. E. B. *Effect of building stiffness on excavation induced displacement.* 2008. Thesis (Ph. D.) – University of Cambridge, Cambridge, 2008.

FALCONI, F. F.; ZACLIS, E.; CORRÊA, C. N.; ROCHA, L. M. B. Adaptação do método construtivo de uma estrutura de contenção de 15 m de altura sobre tubulões, executada de forma invertida. In: SEMINÁRIO DE ENGENHARIA DE FUNDAÇÕES ESPECIAIS E GEOTECNIA – SEFE, 4., 2000, São Paulo.

FINNO, R. J.; BRYSON, S.; CALVELLO, M. Performance of a stiff support system in soft clay. *Journal of Geotechnical Engineering Division*, ASCE – American Society of Civil Engineers, New York, v. 128, n. 8, p. 660-671, 2002.

FINNO, R. J.; CALVELLO, M.; BRYSON, S. L. Analysis and performance of the excavation for the Chicago-State subway renovation project and its effects on adjacent structures: final report. Evanston, Illinois: Department of Civil Engineering, Northwestern University, 2002.

FINNO, R. J.; LAWRENCE, S. A.; ALLAWH, N. F.; HARAHAP, I. J. Analysis of performance of pile groups adjacent to deep excavation. *Journal of Geotechnical Engineering Division*, ASCE – American Society of Civil Engineers, New York, v. 117, n. 6, p. 934-955, 1991.

GEDDES, J. D. Structural design and ground movements. In: ATTEWELL, P. B.; TAYLOR, R. K. (Ed.). *Ground movements and their effects on structures.* London: Surrey University Press; Chapman and Hall, 1984. n. 4, p. 243-265.

GOH, K. H. *Response of ground and buildings to deep excavations and tunneling.* 2008. Thesis (Ph. D.) – Cambridge University, Cambridge, 2010.

GOH, K. H.; MAIR, R. J. The response of buildings to movements induced by deep excavations. Geotechnical Aspects of Underground Construction in Soft Ground. In: INTERNATIONAL SYMPOSIUM ON GEOTECHNICAL ASPECTS OF UNDERGROUND CONSTRUCTION IN SOFT GROUND, 7., 2011, Rome. Proceedings... Rome: 2011. p. 903-910.

GOLDBERG, D. T.; JAWORSKI, W. E.; GORDON, M. D. *Lateral support systems and underpinning, construction methods.* Report FHWA-RD-75-128-130. Washington: Federal Highway Administration, 1976.

GRANT, R.; CHRISTIAN, J. T.; VANMARCKE, E. H. Differential settlements of buildings. *Journal of Structural Division*, ASCE – American Society of Civil Engineers, v. 100, GT 9, p. 973-991, 1974.

HABBIB, P. *Recommendations for the Design, Calculation, Construction and Monitoring of Ground Anchorages.* Rotterdam, Brookfield: A. A. Balkema, 1989.

HACHICH, W.; FALCONI, F. F.; SAES, J. L.; FROTA, R. G. Q.; CARVALHO, C. S.; NIYAMA, S. (Ed.). *Fundações*: teoria e prática. 2. ed. São Paulo: ABMS/ABEF; Pini, 1998.

HANNA, T. H. *Foundations in tension*: ground anchors. Clausthal-Zellerfeld, Germany: Trans Tech Publications, 1982.

HASHASH, Y. M. A.; WHITTLE, A. J. Ground improvement prediction for deep excavations in soft clay. *Journal of Geotechnical Engineering*, v. 122, n. 6, p. 474-486, 1996.

HASHASH, Y. M. A.; WHITTLE, A. J. Mechanisms of load transfer and arching for braced excavations in clay. *Journal of Geotechnical Engineering*, v. 128, n. 3, p. 187-197, 2002.

HILLER, D. M.; CRABB, G. I. *Groundborne vibration caused by mechanized constructions works.* Report 428. Washington: TRL, 2000.

HOLDEN, J. C. The calibration of electrical penetrometers in sand. *Final Report*, Norwegian Council for Scientific and Industrial Research – NTNF, 1976. Reprinted in *Norwegian Geotechnical Institute Internal Report* 52108-2, Jan. 1977.

HONG KONG GOVERNMENT. *Review of design methods for excavations.* Publication 1/90. Hong Kong: Geotechnical Control Office, 1991.

HRYCIW, R. Small-strain shear modulus of soils by dilatometer. *Journal of Geotechnical Engineering*, v. 116, n. 11, 1990.

HSIEH, P. G.; OU, C. Y. Shape of ground surface settlement profiles caused by excavation. *Canadian Geotechnical Journal*, v. 35, n. 6, p. 1004-1017, 1998.

ICE – INSTRUMENTATION AND CONTROL ENGINEERING. Geotechnical instrumentation in practice: purpose, performance and interpretation. In: CONFERENCE ON GEOTECHNICAL INSTRUMENTATION IN CIVIL ENGINEERING PROJECTS, 1989, London. *Proceedings...* London: ICE – Institute of Civil Engineers, 1989.

JANBU, N.; SENNESET, K. Effective stress interpretation of in situ static penetration tests In: EUROPEAN SYMPOSIUM ON PENETRATION TESTING – ESOPT, 1., 1974, Stockholm. *Proceedings...* Guidelines of design and construction of deep excavations, JSA – Japanese Society of Architecture, 1988.

JSA – JAPANESE SOCIETY OF ARCHITECTURE. *Guidelines of design and construction of deep excavations*. Tokyo: Japanese Society of Architecture, 1988.

JUCA, J. F. T. Recalques de edificações próximas a escavações escoradas do metrô do Rio de Janeiro. In: CONGRESSO BRASILEIRO DE MECÂNICA DOS SOLOS E ENGENHARIA DE FUNDAÇÕES, 7., 1982. Recife.

KARLSRUD, K. Some aspects of design and construction of deep supported excavation. In: INTERNATIONAL CONFERENCE ON SOIL MECHANICS AND FOUNDATION ENGINEERING, 14., 1997, Hamburg. *Proceedings...* Hamburg: 1997. v. 4, p. 2315-2320.

KARLSRUD, K.; ANDRESEN, L. Design of deep excavations in soft clay. In: ECSMGE – EUROPEAN CONFERENCE ON SOIL MECHANICS AND GEOTECHNICAL ENGINEERING, 14., 2007, Madrid. *Proceedings...* Madrid, 2007. v. 1, p. 75-99.

KEZDI, A. *Handbook of soil mechanics*. Amsterdam: Elsevier, 1974.

KONSTANTAKOS, D. C. Online database of deep excavation performance and prediction. In: INTERNATIONAL CONFERENCE ON CASE HISTORIES AND GEOTECHNICAL ENGINEERING, 6., 2008, Arlington. Arlington: 2008. p. 1-12.

KORFF, M. *Response of piled buildings to the construction of deep excavations*. 2013. (*Deltares Select Series*, v. 13).

KORFF, M.; MAIR, R. J.; VAN TOL, A. F.; KAALBERG, F. J. Building damage and repair due to leakage in a deep excavation. *Proceedings of the Institution of Civil Engineers*, Forensic Engineering, v. 174, n. 4, p. 165-177, 2011b.

KULHAWY, F.; CALLANAN, J. F. *Evaluation of procedures for predicting foundation uplift movements*. Palo Alto, California: EPRI – Electric Power Research Institute, 1985.

KULHAWY, F.; MAYNE, P. *Manual on estimating soil properties for foundation design*. Palo Alto, California: EPRI – Electric Power Research Institute, 1990.

KUNTSCHE, K. Deep excavations and slopes in urban area. ECSMGE – EUROPEAN CONFERENCE ON SOIL MECHANICS AND GEOTECHNICAL ENGINEERING, 14., 2007, Madrid. *Proceedings...* Madrid: 2007. v. 1, p. 63-74.

LAEFER, D. *Prediction and assessment of ground movement and building damage induced by adjacent excavation*. 2001. 903 p. Thesis (Ph. D.) – Urbana, Dep. Civil; Environmental Eng., University of Illinois, 2001.

LAM, S. Y. *Ground movements due to excavation in clay*: physical and analytical models. 2010. Thesis (Ph. D.) – Cambridge University, Cambridge, 2010.

LAZARTE, C. A.; ROBINSON, H.; GOMEZ, J. E.; BAXTER, A.; CADDEN, A.; BERG, R. *Geotechnical engineering circular no. 7*: soil nail walls: reference manual. Report FHWA-NHI-14-007. Washington: National Highway Institute, 2015.

LEE, S. J.; SONG, T. W.; LEE, Y. S.; SONG, Y. H.; KIM, I. K. A case study of building damage risk assessment due to the multi-propped deep excavation in deep soft soil. In: INTERNATIONAL CONFERENCE OF SOFT SOIL ENGINEERING, 4., 2007, Vancouver; London. Vancouver; London: Taylor & Francis Group, 2007.

LEUNG, E. H.; NG, C. W. Wall and ground movements associated with deep excavation supported by cast in situ wall in mixed ground conditions. *Journal of Geotechnical and Geoenvironmental Engineering*, v. 133, n. 2, p. 129-143, 2007.

LITTLEJOHN, S. *Ground anchorage practice*: design and performance of earth retaining structures. ASCE – American Society of Civil Engineers, 1990. Geotechnical special publication 25.

LONG, M. Database for retaining wall and ground movements due to deep excavations. *Journal of Geotechnical Engineering*, ASCE – American Society of Civil Engineers, v. 124, n. 4, p. 339-352, 2001.

LUNNE, T.; LACASE, M.; RAD, N. General report: SPT, CPT, pressure meter testing and recent developments in in-situ testing. In: ICSMFE – INTERNATIONAL CONFERENCE ON SOIL MECHANICS AND FOUNDATION ENGINEERING, 12., 1989, Rio de Janeiro.

MAFFEI, C. E. M., ANDRÉ, J. C.; CIFÚ, S. Considerações sobre Cálculo de Escoramento. In: V CONGRESSO BRASILEIRO DE MECÂNICA DOS SOLOS E ENGENHARIA DE FUNDAÇÕES, 1974, São Paulo. São Paulo: 1974. v. IV, p. 142-203.

MAFFEI, C. E. M.; ANDRÉ, J. C.; CIFÚ, S. Method for calculating braced excavation. In: INTERNATIONAL SYMPOSIUM OF SOIL STRUCTURE INTERACTION, 1977, Roorkee, India. Roorkee, India, 1977. p. 85-92.

MAIR, R. J. Tunneling and deep excavations: ground movements and their effects. In: ECSMGE – XV EUROPEAN CONFERENCE IN SOIL MECHANICS AND GEOTECHNICAL ENGINEERING, 2011, Athens. *Proceedings...* Athens: 2011.

MAIR, R. J.; TAYLOR, R. N. Settlement predictions for Neptune, Murdoch, and Clegg Houses and adjacent masonry walls. In: BURLAND, J. B.; STANDING, J. R.; JARDINE, F. M. (Eds.). *Building response to tunneling*: case studies from construction of the jubilee line extension. Projects and methods. London: Thomas Telford, 2001. v. 1, p. 217-228.

MANA, A. I.; CLOUGH, G. W. Prediction of movements for braced cuts in clay. *Journal of Geotechnical Engineering*, v. 107, n. 6, p. 759-777, 1981.

MARTINS, M. C. R. Observações de fluência em ancoragens injetadas em solos da cidade de São Paulo. In: CONGRESSO BRASILEIRO DE MECÂNICA DOS SOLOS E ENGENHARIA DE FUNDAÇÕES, 7., 1982, Recife.

MARTINS, M. C. R.; SOUZA PINTO, C.; DIB, P. S. Os diagramas de empuxos aparentes em escoramentos de argilas porosas. In: CONGRESSO BRASILEIRO DE MECÂNICA DOS SOLOS E ENGENHARIA DE FUNDAÇÕES, 5., 1974, São Paulo.

MARZIONNA, J. D. Sobre a análise estática de valas e a determinação da ficha de paredes de contenção. In: CONGRESSO BRASILEIRO DE MECÂNICA DOS SOLOS E ENGENHARIA DE FUNDAÇÕES, 6., 1978, Rio de Janeiro. v. II, p. 165-177.

MARZIONNA, J. D. *Sobre o cálculo estático de valas*. 1979. Dissertação (Mestrado) – Escola Politécnica da Universidade de São Paulo, São Paulo, 1979.

MARZIONNA, J. D.; MAFFEI, C. E. M.; FERREIRA, A. A.; CAPUTO, A. N. Análise, projeto e execução de escavações e contenções. In: HACHICH, W.; FALCONI, F. F.; SAES, J. L.; FROTA, R. G. Q.; CARVALHO, C. S.; NIYAMA, S. (Ed.). *Fundações*: teoria e prática. 2. ed. São Paulo: ABMS/ABEF; Pini, 1998. cap. 15.

MASSAD, F. *Efeito da temperatura nos empuxos de terra sobre escoramentos de valas*. 1978a. Tese (Doutorado) – Universidade de São Paulo, São Paulo, 1978a.

MASSAD, F. *Influência do método construtivo no desenvolvimento dos recalques do terreno, nas valas escavadas a céu aberto do metrô de São Paulo, escoradas com paredes flexíveis*. In: CONGRESSO BRASILEIRO DE MECÂNICA DOS SOLOS E ENGENHARIA DE FUNDAÇÕES, 6., 1978, Rio de Janeiro. 1978b.

MASSAD, F. O problema do coeficiente de empuxo em repouso dos solos terciários da cidade de São Paulo. In: SIMPÓSIO BRASILEIRO DE SOLOS TROPICAIS EM ENGENHARIA, 1981, São Paulo. *Anais...* São Paulo: 1981. p. 69-90.

MASSAD, F. Excavations in tropical lateritic and saprolitic soils: topic of the report of the committee on tropical soils of ISSMFE. In: INTERNATIONAL CONFERENCE ON GEOMECHANICS IN TROPICAL LATERITIC AND SAPROLITIC SOILS, 1., 1985, Brasília. 1985a.

MASSAD, F. Braced excavations in lateritic and weathered sedimentary soils. In: INTERNATIONAL CONFERENCE ON SOILS MECHANICS AND FOUNDATION ENGINEERING, 11., 1985, San Francisco. 1985b.

MASSAD, F. *Escavações a céu aberto em solos tropicais*. São Paulo: Oficina de Textos, 2005.

MASSAD, F.; TEIXEIRA, H. R. Deep cut on saprolitic conditioned by relict structures. In: INTERNATIONAL CONFERENCE ON GEOMECHANICS IN TROPICAL LATERITIC AND SAPROLITIC SOILS, 1., 1985, Brasília.

MATOS FERNANDES, M. New developments in the control and prediction of the movements of the induced movements in deep excavations in soft soils. *Soils and Rocks*, v. 38, n. 3, Sep.-Dec. 2015, p. 191-215, 2015.

MENDES do VALE, R. *Modelagem numérica de uma escavação profunda escorada com parede diafragma*. 2002. Dissertação (Mestrado) – COPPE, UFRJ, Rio de Janeiro, 2002.

MESTAT, P.; BOURGEOIS, E; RIOU, Y. *MOMIS*: a database devoted to comparing numerical model results with in situ measurements: applications to sheet piling. Bulletin de Laboratoires des Ponts et Chaussées. Bertrange, Luxembourg: 2004. v. 252-253, p. 49-76.

MEYERHOF, G. G. Penetration testing and bearing capacity of cohesionless soils. *JSMFD – Journal of Soil Mechanics and Foundation Division*, ASCE – American Society of Civil Engineers, v. 1, n. 82, 1956.

MILITITSKY, J. Caso de obra com grande escavação em perímetro urbano. In: GEOSUL – SIMPÓSIO DE PRÁTICA DE ENGENHARIA GEOTÉCNICA DA REGIÃO SUL, 2000, ABMS, Porto Alegre.

MILITITSKY, J. Grandes escavações. In: SEMINÁRIO DE ENGENHARIA DE FUNDAÇÕES ESPECIAIS E GEOTÉCNICA SEFE, 7., 17 a 20 de junho de 2012, São Paulo.

MILITITSKY, J.; CONSOLI, N.; SCHNAID, F. *Patologia das fundações*. São Paulo: Oficina de textos, 2006.

MILITITSKY, J.; CONSOLI, N.; SCHNAID, F. *Patologia das fundações*. 2. ed. São Paulo: Oficina de textos, 2014.

MOORMANN, C. Analysis of wall and ground movements due deep excavations in soft soil based on a new worldwide database. *Soils and Foundations*, v. 44, n. 1, p. 87-98, 2004.

MOORMANN, Ch.; MOORMANN, H. R. A study of wall and ground movements due to deep excavations in soft soils based on worldwide experiences. In: INTERNATIONAL SYMPOSIUM ON GEOTECHNICAL ASPECTS OF UNDERGROUND CONSTRUCTION ON SOFT GROUND, 3., 23-25 Oct. 2002, Toulouse, Lyon. Proceedings... Toulouse, Lyon: Spécifique. p. 477-482.

NATIONAL COAL BOARD. *Subsidence engineers handbook*. 2. ed. London, 1975.

NETZEL, H. *Building response due ground movements*. 2009. Thesis (Ph. D.) – Delft University of Technology, Netherlands, 2009.

NIEDERLEITHINGER, E. Advanced methods for quality assurance of diaphragm wall joints. In: DFI-EFFC INTERNATIONAL CONFERENCE ON PILING AND DEEP FOUNDATIONS, 2014, Stockholm, Sweden. Proceedings... Stockholm, Sweden: 2014.

O'ROURKE, T. D. *Base stability and ground movements prediction for excavations in soft clay*: retaining structures. London: Thomas Telford, 1993. p. 131-139.

OBRZUD, R.; TRUTY, A. *The hardening soil model*: a practical guidebook Z Soil. Report PC 100701. 2012.

ONG, D. E. L. *Pile behavior subject to excavation-induced soil movement in clay*. Thesis (Ph. D.) – NUS, Singapore, 2004.

OSMAN, A. S.; BOLTON, M. D. Back analysis of three case histories of braced excavations in Boston Blue Clay using MSD Method. In: INTERNATIONAL CONFERENCE ON SOFT SOIL ENGINEERING, 4., 2007, Vancouver/London. Vancouver/London: Taylor Francis, 2007. p. 755-764.

OU, C. Y. *Deep excavation*: theory and practice. London: Taylor and Francis Group, 2006.
OU, C. Y.; HSIEH, P. G.; CHIOU, D. C. Characteristics of ground surface settlement during excavation. *Canadian Geotechnical Journal*, v. 30, p. 758-767, 1993.
PARKIN, A. K.; HOLDEN, K.; LUNNE, T. *Laboratory testing on cpts in sand*. NGI, 1980.
PECK, R. B. Deep Excavations and tunneling in soft ground. In: INTERNATIONAL CONFERENCE SMFE, 7., 1969, Mexico. *Proceedings...* Mexico, 1969. State of the Art volume, p. 225-250.
POLETTO, R. J.; TAMARO, G. J. Repairs of diaphragm walls, lessons learned. In: ANNUAL DFI CONFERENCE, 26., 2011, Boston. *Proceedings...* Boston, 2011. p. 207-215.
POTTS, D. M.; ADDENBROOKE, T. I.; DAY, R. A. The use of soil berms for temporary support of retaining walls. In: INTERNATIONAL CONFERENCE OF RETAINING STRUCTURES, 1992, Cambridge. *Proceedings...* Cambridge, 1992.
POULOS, H. G.; CHEN, L. T. Pile response due to excavation-induced lateral soil movement. *Journal of Geotechnical Engineering*, ASCE – American Society of Civil Engineers, v. 123, n. 2, p. 94-99, 1997.
PRAT, M.; BISCH, E.; MILLARD, A.; MESTAT, P.; CABOT, G. *La modelisation des ouvrages*. Paris: Hermes, 1995.
PULLER, M. *Deep excavations*: a practical manual. London: Thomas Telford, 1996.
PULLER, M. *Deep excavations*: a practical manual. 2. ed. London: Thomas Telford, 2003.
RANZINI, S. M.; NEGRO JR., A. Obras de contenção: tipos, métodos construtivos, dificuldades executivas. In: HACHICH, W.; FALCONI, F. F.; SAES, J. L.; FROTA, R. G. Q.; CARVALHO, C. S.; NIYAMA, S. (Ed.). *Fundações*: teoria e prática. 2. ed. São Paulo: ABMS/ABEF; Pini, 1998. cap. 13, p. 497-515.
ROBERTSON, P. K.; CAMPANELLA, R. *Interpretation of cone penetration tests*: part I sand. CGJ, 1983.
ROBERTSON, P. K.; CABAL, K. L. *Guide to cone penetration testing*. 5. ed. Signal Hill, California: Gregg Drilling & Testing, Inc., 2012.
ROBERTSON, P. K.; LUNNE, T.; POWELL, J. J. M. *Cone penetration testing in geotechnical practice*. London: Spon Press., Taylor and Francis Group, 1997.
SABATINI, P. J.; PASS, D. G.; BACHUS, R. C. *Geotechnical engineering circular no. 4*: ground anchors and anchored systems. FHWA-IF-99-015. Washington: FLWH Publications, 1999.
SAES, J. L. Paredes diafragma e estacas escavadas. [s.d.]. *Documento Anson*, v. 1.
SAES, J. L.; STUCCHI, F. R.; MILITITSKY, J. Concepção de obras de contenção. In: HACHICH, W.; FALCONI, F. F.; SAES, J. L.; FROTA, R. G. Q.; CARVALHO, C. S.; NIYAMA, S. (Ed.). *Fundações*: teoria e prática. 2. ed. São Paulo: ABMS/ABEF; Pini, 1998. cap. 14.
SAGASETA, C. Analysis of undrained soil deformation due to ground loss. *Géotechnique*, v. 37, n. 3, p. 301-320, 1987.
SALET, Th. A. M.; DE KORT, P. J. C. M.; CRAWLEY, J. D. Amsterdam North South Line Metro – Construction of deep diaphragm walls for three underground stations. In: INTERNATIONAL CONFERENCE ON PILING AND DEEP FOUNDATION, 10., 2006, Amsterdam. *Proceedings...* Amsterdam: DFI – Deep Foundations Institute, Emap, 2006. P. 868-881.
SANDRONI, S. S. Young metamorphic residual soils. In: PCSMFE – PANAMERICAN CONFERECE ON SOIL MECHANICS ANF FOUNDATION ENGINEERING, 9., 1991, Vina del Mar, Valparaiso.
SCHMERTMANN, J. H. Static cone to compute static settlement over sand. *Journal of Soil Mechanics and Foundations Division*, ASCE, New York, v. 96, n. SM3, p. 1011–1043, 1970.
SCHMERTMANN, J. Measurement of in situ shear strength. ASCE – American Society of Civil Engineering, 1975.
SCHNAID, F. *Ensaios de campo e suas aplicações à Engenharia de Fundações*. São Paulo: Oficina de Textos, 2000. 189 p.
SCHNAID, F. *In situ testing in geomechanics*: the main tests. London; New York: Taylor and Francis, 2009.
SCHNAID, F.; ODEBRECHT, E. *Ensaios de campo e suas aplicações à Engenharia de Fundações*. 2. ed. São Paulo: Oficina de Textos, 2012.

SCHNAID, F.; LEHANE, B. M.; FAHEY, M. In situ test characterisation of unusual geomaterials. In: INTERNATIONAL CONFERENCE ON SITE CHARACTERIZATION, 2., 2004, Porto. *Proceedings...* Porto: Milpress, 2004. v. 1, p. 49-74.

SCHNAID, F.; REFFATTI, M. E.; CONSOLI, N. C.; MILITITSKY, J. Numerical simulation of a tieback diaphragm wall in residual soil. In: PCSMFE – PANAMERICAN CONFERENCE ON SOIL MECHANICS AND GEOTECHNICAL ENGINEERING, 12., 2003, Cambridge. *Proceedings...* Cambridge, 2003. v. 2, p. 2027-2034.

SCHNAIDER, N. A new method of quality control for construction joints in diaphragm walls. In: INTERNATIONAL CONFERENCE ON PILING & DEEP FOUNDATIONS, 2014, Stockholm, Sweden. *Proceedings...* Stockholm, Sweden: DFI – Deep Foundations Institute, 2014. p. 845-855.

SIMPSON, B. N. D.; DRISCOL, L. *Eurocode 7*: a commentary. Garston, Liverpool: Building Research Establishment, 1998.

SIMPSON, B. N. D.; BANFI, M.; GROSE, D.; DAVIES, R. Collapse of the Nicoll Highway excavation, Singapore. In: INTERNATIONAL CONFERENCE ON FORENSIC ENGINEERING, 4., 2008, London. London: ICE – Institution of Civil Engineering, 2008.

SKEMPTON, A. W.; MCDONALD, D. H. The allowable settlement of buildings. *Proceedings of Institute of Civil Engineers*, Part III, v. 5, n. 3, p. 727-768, 1957.

SON, M.; CORDING, E. J. Estimation of building damage due excavation-induced ground movements. *Journal of Geotechnical and Geoenvironmental Engineering*, ASCE – American Society of Civil Engineers, v. 131, n. 2, p. 162-177, 2005.

ST. JOHN, H. D.; POTTS, D. M.; JARDINE, R. J. Prediction and performance of ground response due to construction of a deep basement at 60 Victoria Embankment. In: WROTH MEMORIAL SYMPOSIUM, PREDICTIVE SOIL MECHANICS, 1992, Oxford. *Proceedings...* Oxford, 1992. p. 581-608.

TERASHI, M. The state of practice in deep mixing methods. In: INTERNATIONAL CONFERENCE OF GROUTING AND GROUND TREATMENT, 3., 2003. *Proceedings...* ASCE Special Publications, 2003. v. 1, n. 120, p. 25-49.

TERASHI, M.; JURAN, I. Ground Improvement-State of the Art. In: INTERNATIONAL CONFERENCE ON GEOTECHNICAL AND GEOLOGICAL ENGINEERING, 2000, Melbourne, Australia. *Anais...* Melbourne, Australia: ICMS, 2000. p. 461-519.

TERZAGHI, K. *Theorical soil mechanics*. New York: John Wiley & Sons, Inc., 1943.

TERZAGHI, K.; PECK, R. B. *Soil mechanics in engineering practice*. New York: John Wiley & Sons, 1967.

TERZAGHI, K.; PECK, R.; MESRI, G. *Soil Mechanics in engineering practice*. New York: John Wiley & Sons, 1996.

THORBURN, S.; HUTCHINSON, J. F. *Underpinning*. London: Surrey University Press, 1985.

TOL, A. F. van; VEEENBERGER, V.; MAERTENS, J. Diaphragm walls: a reliable solution for deep excavations in urban areas? In: INTERNATIONAL CONFERENCE (electronic version, day 3, session 4), 11., 2010, London. *Proceedings...* London: DFI – Deep Foundations Institute/EFFC – European Federation of Foundation Contractors, 2010.

TOWNSEND, F. C.; ANDERSON, J. B.; RAHELISON, L. *Evaluation of FEM engineering parameters from in situ tests*. Florida Department of Transportation, 2001.

TSCHEBOTARIOFF, G. P. *Foundations, retaining and earth structures*. New York: McGraw-Hill, 1973.

VEISMANIS, A. *Laboratory investigation of electrical friction cone penetrometers in sand*. ESOP – employee stock ownership plan, 1974.

VERMEER, P. Column Vermeer. *Plaxis Bulletin*, n. 4, 1997.

VERMEER, P. On single anchored retaining walls. *Plaxis Bulletin*, n. 10, 2001.

VILLET, W. C.; MITCHELL, J. K. *Cone resistance, relative density and friction angle*. Reston, Virginia: ASCE – American Society of Civil Engineers, 1981.

WROTH, C. P.; RANDOLPH, M.; HOULSBY, G.; FAHEY, M. *A review of the engineering properties of soils with particular reference to shear modulus*. CUED-SOILS/TR. Evaluation of Soil and Rock Properties. FHWA IF-02-034. Geotechnical Report. Cambridge, 1979.

WU, T. H. Retaining Walls. In: WINTERKORN, H. S.; FANG, H. (Eds.). *Foundation Engineering Handbook*. New York: Van Nostrand Reinhold Co., 1975. p. 402-417.

XANTHAKOS, P. P. *Slurry walls*. New York: McGraw Hill, 1979. 622 p.

XANTHAKOS, P. P. *Ground anchors and anchored structures*. New York: John Wiley, 1991.

XANTHAKOS, P. P. *Slurry walls as structural system*. Columbus: McGraw Hill, 1993. 855 p.

YASSUDA, C. T.; DIAS, P. H. V. Tirantes. In: HACHICH, W.; FALCONI, F. F.; SAES, J. L.; FROTA, R. G. Q.; CARVALHO, C. S.; NIYAMA, S. (Ed.). *Fundações*: teoria e prática. 2. ed. São Paulo: ABMS/ABEF; Pini, 1998.

ZHANG, R.; ZHENG, J.; PU, H.; ZHANG, L. Analysis of excavation: induced responses of loaded pile foundations considering unloading effect. *Tunneling and Underground Space Technology*, Elsevier Ltd., v. 26, n. 2, p. 320-335, 2010. doi: 10.1016/j.tust.2010.11.003.